软件开发实践指南

刘文红　赵　爽　陈华南
张幼春　杨　隽　陈建超　编著

中国宇航出版社
·北京·

图书在版编目（CIP）数据

软件开发实践指南 / 刘文红等编著. -- 北京 : 中国宇航出版社, 2025. 6. -- ISBN 978-7-5159-2562-2

Ⅰ. TP311.52-62

中国国家版本馆CIP数据核字第2025SR0797号

责任编辑　张丹丹　　**封面设计**　王晓武

出　版
发　行　中国宇航出版社

社　址　北京市阜成路8号　**邮　编**　100830
(010)68768548

网　址　www.caphbook.com

经　销　新华书店

发行部　(010)68767386　(010)68371900
(010)68767382　(010)88100613（传真）

零售店　读者服务部　(010)68371105

承　印　北京厚诚则铭印刷科技有限公司

版　次　2025年6月第1版
2025年6月第1次印刷

规　格　787×1092

开　本　1/16

印　张　17

字　数　414千字

书　号　ISBN 978-7-5159-2562-2

定　价　118.00元

前　言

随着软件在系统中的重要性日益凸显，现代化程度越高的系统对软件的依赖性也越强。软件不仅定义了系统在业务活动中所具备的关键能力，还决定了系统在感知、共享、整合、协调和行动的能力；软件驱动着控制和通信系统以及各种基础设施的运行。

新形势对软件的开发和管理提出了新的挑战，为此，需要以敏捷高效为核心原则，在稳固的统一架构下快速迭代，从而达到能力快速生成的目的。

在软件质量管理方面，本书着眼于软件全生命周期的各阶段管理，涵盖了从立项论证、研制到运维、升级改造的全过程。它将传统的基于瀑布模型的软件工程化管理方式扩展为多模型管理，显著提升了软件工程管理方法的适应性。各项要求均基于项目实施的实际情况，既细致具体，又具备可操作性，对于软件质量管理人员深入理解和掌握质量管理的精髓，具有较强的指导意义。

本书结构如下：第 1 章概述了软件质量管理要求的各方面主要内容，后续各章按照先工程后管理的顺序，分别介绍了软件研制过程管理，软件需求管理，软件评审，软件测试过程，软件配置管理，软件验收、移交和保障，软件维护，软件文档编制，软件能力评估，外协开发管理。

全书由刘文红、赵爽、陈华南、张幼春、杨隽和陈建超执笔，刘文红、陈华南审校。李中天等专家审阅了初稿并提出了许多宝贵意见，为本书出版提供了诸多帮助，付出了辛勤劳动，在此表示感谢。

与软件一样，本书虽然经过了认真的撰写和修改，仍然会有一些不足或疏漏之处，请读者提出宝贵意见和建议。

目 录

第1章　质量管理要求概述

随着软件应用的日益深入和广泛，以及快速上线和部署需求的急剧增长，软件开发管理愈发凸显出“稳定架构设计与敏捷功能迭代”相结合的原则。软件质量管理工作的核心在于，依据有关法律、法规、标准和软件工程化管理要求，在论证、研制、测试、验收、使用及运行维护等全生命周期中，实施质量策划、保证、控制和改进，以确保软件系统迅速形成效能，并满足既定的研制和用户使用标准。

本章旨在从基本要求、职责要求、论证要求、研制要求、第三方测试要求、验收要求、软件的使用与维护要求及外协外购要求等方面，提出软件工程管理的总体要求。

1.1　基本要求

软件产品需按规范编号、命名，并纳入配套表及研制计划中。

软件配置项可按照相关标准的要求，依据其安全关键程度分为A、B、C、D四级，或依据其重要性分为Ⅰ、Ⅱ、Ⅲ、Ⅳ四级，也可按照关键重要程度分为关键、重要、一般三级，实施分级管理。

软件研制单位应建立并完善软件研制质量管理体系，对研制过程实施严格的质量控制。其中，承担A、B级软件研制任务的单位原则上需具备软件研制能力成熟度模型三级及以上资质；承担C、D级软件研制任务的单位则需具备软件研制能力成熟度模型二级及以上资质。对于未达标的单位，原则上不能承担研制任务，特殊情况下，确需由无资质单位承担的，应要求其建立质量管理体系，并在研制期间组织专家进行定期的检查与监督。

1.2　职责要求

1）承担系统论证任务的单位（以下简称论证单位）负责系统论证质量，具体职责包括：

a）负责论证系统基本需求、主要研制内容（包括主要功能和性能、模型数据算法等）、配套要求、通用质量特性要求、人机工效要求、软件工程化管理及测试要求等，以及研制周期、经费概算及命名建议；

b）负责系统研制过程中的需求管理，并确认开发过程中的各项要求；

c）负责组织系统的通用质量特性、人机工效、软件能力评估等，并形成综合评估报告；

d）在软件全生命周期内，采集并分析系统软件的质量数据；

e）负责制定软件工程规范，管理软件产品技术状态，设计软件体系架构总体方案，控制软件研制过程，并宣贯和解读相关管理制度。

2）承担软件研制工作的单位（以下简称研制单位）负责软件研制、测试及运行服务质量，具体职责包括：

a）负责软件研制工作，确定软件开发模型，制订项目进度计划、资源需求清单、质量保证标准及相关方参与计划等；

b）按照要求和开发计划实施软件开发，实施软件工程化管理，并对研制过程进行质量控制；

c）建立软件质量管理信息系统，收集、分析和处理全生命周期内的软件问题；

d）向第三方测试机构提供被测件（程序、数据、文档资料等），并协助建立测试环境。

3）当系统复杂需多单位协作时，应设立研制总体单位，具体职责包括：

a）负责项目协调与控制，包括资源协调、冲突解决、进度监控，确保任务按时完成；

b）负责项目质量保证，确保项目流程和交付成果均符合既定的质量标准。

4）软件使用单位需对软件试用/使用与管理负责，具体职责包括：

a）制定并执行软件试用/使用的规章制度，明确各类软件使用人员的责任分工；

b）按照规定正确试用/使用软件；

c）记录并报告软件试用/使用中发现的缺陷和问题，并提出修改建议；

d）参与需求讨论，提出软件功能优化或需求变更相关建议；

e）进行深入分析和总结试用/使用情况。

1.3 论证要求

论证单位需根据使用单位提出的基本需求，进行综合论证，涵盖主要功能和性能、模型数据算法、使用环境、通用质量特性、人机工效、标准化要求、软件工程化管理及测试要求，以及研制周期、开发经费概算等，形成论证报告的对应章节。论证时应考虑复用已完成项目的相关功能、数据、环境。

在信息系统初步总体设计时，论证单位应遵循各类顶层设计标准，符合相关软件总体架构规划，遵循“稳定架构设计与敏捷功能迭代”相结合的原则，对系统进行初步的总体架构设计，并形成研制要求或建设方案中的相应章节。

论证单位需按照第 3 章要求跟踪需求的落实，对迭代开发和系统研制过程中提出并细化的需求进行确认，并负责系统研制最终需求的确认。

1.4 研制要求

研制单位需按照第 2 章要求，确定适用的软件开发模型，开展系统分析与设计、软件需求分析、软件设计、软件实现、测试及验收交付等工作，并编写相应文档。

研制单位应根据研制要求进行系统总体设计，明确系统的功能、性能、外部接口、质量等需求，以及模型数据算法、使用环境、通用质量特性、人机工效、标准化要求等，完成系统体系结构设计、软件配置项及其关键等级划分，说明系统运行部署环境等。在系统需求分析时，应充分考虑复用已完成项目中的相关功能单元，遵循架构设计规划进行体系结构设计，完成体系结构总体设计后应编写系统总体设计方案，并进行外部评审，评审工作应按照第 4 章要求执行。

研制单位可采用迭代开发模型进行软件需求分析与设计。迭代开发过程中应遵循系统架构设计要求，按照与论证单位确定的每个迭代周期中应实现的软件需求进行管理，管理工作按照第 3 章要求执行，进行快速设计与实现。

研制单位完成每一轮迭代开发后均应进行测试，以确保每次迭代开发的质量，测试类型主要包括功能测试、性能测试、接口测试等。

完成每一轮迭代测试后，可交由使用单位进行试用，以便进一步细化明确系统需求，发现系统问题，更好地满足用户使用要求，具体按照第 3 章要求执行。

在完成基本版开发前，研制单位应对软件需求规格说明组织外部评审，评审工作应按照第 4 章要求执行。

研制单位应制定并执行软件设计准则，开展软件可靠性和安全性设计，形成与软件需求分析一致的、可理解且规范化的软件设计文档。A、B 级软件的设计说明应进行外部评审，评审工作应按照第 4 章要求执行。

软件实现应按照设计进行，确保实现和设计的一致性。软件代码应符合编码规范，注释率等应满足规定要求，一般情况下，注释率应满足不低于 20％的要求。

研制单位在完成基本版开发后，应进行软件配置项测试和系统测试。系统测试是指应对系统满足研制要求的各项功能和性能、通用质量特性、人机工效、软件能力、标准化的情况进行测试，为后续的评估提供支撑。软件测试的具体要求见第 5 章。

研制单位应记录和报告软件开发过程中的各种问题和软件缺陷，及时采取纠正措施，并对修正过的软件缺陷进行更改正确性验证。

研制单位应按照第 6 章要求，制定配置管理规程并建立配置管理库，以有效管理软件研制过程的技术状态及变更。

研制单位应编制软件使用培训教材，并根据合同等要求为软件使用人员提供必要的培训服务。

研制单位需根据合同等要求，研制和提供软件保障所需的各种资源，同时对系统运行维护期间出现的问题迅速响应并提供保障。

1.5　第三方测试要求

软件研制单位应对安全关键等级为 A、B 级的软件进行第三方测试。系统验收前，通常由第三方执行系统级测试。

第三方测试机构需按照要求开展测试需求分析与策划，编制软件测试大纲，并提交外部评审，评审工作应按照第 4 章要求执行。

第三方测试机构应根据测试大纲搭建规定的软件测试环境，设计测试用例，并编写测试说明。

第三方测试机构应严格按照测试大纲和测试说明执行测试，全面、准确、及时地记录所有测试用例的测试结果。

对于第三方测试机构发现的软件问题，研制单位应进行分析、修改，并提交测试机构进行回归测试。对于不予修改的问题，应说明理由并分析潜在影响等。测试过程中发现的问题若涉及需求或用户需求的更改，应获得论证单位和使用单位的认可。

第三方测试机构应根据测试结果出具软件测试报告，测试报告和总结应提交外部评审，评审工作应按照第 4 章要求执行。

1.6 验收要求

系统验收前，通常由第三方开展系统级测试。

软件验收应遵循第 7 章和相关标准，并依据合同或其他相关文件执行。

软件验收前，一般应通过论证单位组织的人机工效、通用质量特性、软件能力等专项评估。对于智能信息系统软件，应进行智能等级评估工作。综合各项评估结果，形成综合评估报告，并提交外部评审，评审工作应按照第 4 章要求执行。

验收交付前，应组织验收评审，评审工作应按照第 7 章要求执行。评审未通过的，系统不得投入使用。

1.7 软件的使用与维护要求

软件使用单位应当根据软件试用/使用要求，制定软件使用管理制度和故障记录/报告制度。

软件使用单位应对软件试用/使用人员进行培训，确保其达到规定的技能要求。

软件使用人员应遵守操作规程使用软件，并详细记录软件试用/使用信息。

软件使用单位应及时报告软件试用/使用中出现的问题，并组织进行软件维护。

软件维护工作应按照第 8 章的规定执行，研制单位负责制订维护方案。维护方案应明确维护内容、影响域、测试要求等，软件使用单位应在部署使用前对软件技术状态进行审查，以确保软件符合要求。

1.8 外协外购要求

在软件研制过程中，需外购软件产品，研制单位应当对外购软件产品进行测试或者选型，并对其安全性和正确使用负责。对于必须购买的软件，应充分论证必要性，评估使用风险和影响，并提供由具备信息安全测评资质的机构出具的报告。

研制单位委托进行软件外协开发的，应对外协单位进行资质审查，并对外协单位进行管理，对外协软件的质量负责。

第 2 章　软件研制过程管理

软件研制过程通过对软件开发各阶段、活动和流程的系统规划、组织、控制和评估，能够助力研发团队构建科学、规范的开发流程，实现资源的合理分配，避免重复劳动和资源浪费，进而提升软件开发速度。同时，它确保软件开发各环节均得到妥善控制和管理，及时发现并修复潜在的问题和缺陷，从而增强软件的稳定性和可靠性。

本章说明了软件研制总体要求、研制过程详细要求、开发模型参考、文档要求等，为软件项目的规范化、高效化实施提供了全面的指导框架。

2.1　研制总体要求

2.1.1　软件研制管理

为确保软件研制的质量和进度得到有效管控，研制单位应遵循以下要求进行软件研制管理：

（1）开发策划

研制单位应精心编制软件开发计划。明确阐述软件研制过程中的工程与管理活动、相关工作产品要求，以及责任人、软硬件资源和进度安排等关键信息。软件开发计划的编写应参照第 9 章的相关规定，且研制单位应严格按照经评审和批准的计划开展软件研制工作。

在实施过程中，研制单位应密切跟踪并监视软件研制活动与计划的偏差情况。一旦软件研制活动的里程碑节点等发生变动，软件开发计划应及时更新，并需获得合同甲方的认可。

（2）需求管理

软件研制单位应建立健全需求管理机制，对软件需求进行全面跟踪与管理，确保软件产品符合研制要求。若研制要求发生更改，应经过论证总体和研制总体的共同确认。需求管理的具体实施应遵循第 3 章的相关规定。

（3）配置管理

研制单位应设立配置管理机构，并按照第 6 章要求开展软件配置管理工作。

（4）风险管理

研制单位应对软件研制过程中的风险进行分析与评估，制订风险管理计划，并持续跟踪和控制风险，涵盖技术、管理、质量和进度等多个方面。

(5) 外协管理

研制单位应对外协研制单位的软件研制能力和安全保密资质等进行评估，并适时向论证总体、研制总体报告外协研制情况。研制单位需按照第 1 章和本章的要求对外协研制的软件质量进行监督和控制，并对其质量负责。

(6) 更改控制与问题归零

研制单位应建立软件更改控制机制，对软件研制过程中的更改进行影响域分析，履行规定的审批手续，并对更改后的软件进行验证和确认。对于试验联调等重要活动中出现的重大及以上级别问题，应按照"定位准确、机理清楚、问题复现、措施有效、举一反三"的原则进行归零处理。

2.1.2　软件工程要求

(1) 软件过程

软件过程涵盖以下关键环节：

1) 总体技术方案设计（系统/分系统/子系统需求分析与设计）；

2) 软件需求分析；

3) 软件设计（含概要设计和详细设计）；

4) 软件实现（含编码、静态测试、单元测试）；

5) 软件测试（含配置项测试、子系统/分系统/系统测试）；

6) 验收交付；

7) 运行维护等。

软件研制单位需依据软件研制要求或合同等相关文件中的规定，有序地推进上述活动。

(2) 安全性分析

研制单位需根据软件的安全关键等级，在软件研制的各阶段进行安全性分析，以确保通过需求分析、设计、实现以及操作规程的制定等措施，将软件运行过程的风险降低至可接受的程度。对于 A、B 级软件，在需求分析和设计阶段，应将安全性分析所确定的措施纳入安全性需求范畴，并在软件需求规格说明书中进行明确阐述。同时，针对这些安全性需求，要在设计说明中给出相应的安全性设计说明内容。

(3) 非开发软件

若需将非开发软件（开源软件、采购等获得的软件）集成至系统中时，研制单位需对其进行安全性、可靠性分析和审查，确保其不会产生任何非预期结果。非开发软件的使用需在需求分析和设计阶段进行说明，并随子系统/分系统/系统进行相应的测试。

(4) 沿用软件

若需将其他项目中已验证确认的软件集成至系统中，研制单位应进行软件沿用分析，确保沿用的软件满足系统规定的功能、性能、接口等要求，且不会产生任何非预期结果。此外，沿用软件应随子系统/分系统/系统进行测试。

（5）软件评审

软件评审工作应遵照第 4 章相关要求执行。

（6）软件测试

软件测试工作应遵照第 5 章相关要求执行。

2.1.3 软件验收、移交和保障

合同甲方与研制单位应遵照第 7 章的要求，开展软件验收、移交和保障工作。

2.1.4 软件维护

合同甲方和研制单位应遵照第 8 章的要求，开展软件维护工作。

2.2 研制过程及详细要求

本节详细阐述各开发活动应达到的质量和技术要求。

2.2.1 系统需求分析与设计

系统需求分析与设计是基于研制要求或合同等文件，对软件功能、性能、接口和运行环境等进行明确定义的过程。该过程需对研制要求进行细致分析，以软件配置项为单位，构建系统的体系结构设计，明确各软件配置项的要求，确定其运行环境，以及软件配置项之间、软件配置项和硬件配置项之间的接口关系和时序关系。此外，还需进行软件系统的危险性分析，识别与系统具体设计方案相关的危险，并据此确定软件系统中各软件配置项的软件关键等级。

系统需求分析与设计可分层次进行。对于复杂的系统，可将其划分为多个分系统，并进行分系统需求分析与设计，详细描述各分系统的功能、性能，分系统间接口关系，安全性需求等。

系统需求分析与设计的内容涵盖系统功能要求、性能要求、接口要求、运行环境、支持环境、设计约束、模型数据算法、质量特性要求、人机工效要求等，软件配置项及其关键等级划分，测试要求、文档要求、进度要求、质量保证要求、验收与交付要求、维护要求等。

系统需求分析与设计应形成系统规格说明或系统总体设计方案。

（1）主要步骤

1）分析并细化研制要求或合同要求，以明确系统需求；

2）进行软件系统危险分析，识别与系统具体设计方案有关的危险，并确定软件的安全性要求；

3）设计软件系统体系结构，划分并标识软件系统中的各个软件配置项；

4）确定各软件配置项之间以及软件配置项与硬件配置项之间的数据流、指令流、时

序关系和接口信息协议；

5）基于软件系统危险性分析的结果，提出对软件配置项的安全性需求；

6）确定操作系统、编译器、编程语言和软件开发环境，并验证和确认其安全性和可靠性；

7）确定非开发软件配置项；

8）编制系统规格说明、系统设计说明，或整合为系统总体设计方案。

（2）技术要求

1）应充分考虑复用研制单位已完成软件项目中的可重用功能；

2）应遵循相关标准规范，以及软件架构设计要求；

3）系统需求分析与设计应细化至软件配置项，明确标识各软件配置项的功能、性能要求，并确定其运行环境以及软件配置项之间、软件配置项与硬件配置项之间的接口关系和时序关系；

4）应根据软件特点、重要程度和复杂性等因素，结合系统危险性分析，明确规定软件配置项的关键等级；

5）系统需求分析与设计应广泛征求各方的意见，以确保其准确性、可行性和合理性。

2.2.2　软件需求分析

软件需求分析是针对软件配置项开展软件需求分析工作。依据软件系统需求规格和软件系统设计说明，细化并确定待开发软件的功能、性能、接口、可靠性、安全性以及运行环境等要求，并编写软件需求规格说明。

在软件安全性方面，软件研制单位应根据软件系统需求规格和软件系统设计说明中的安全性要求，明确并标识软件的安全性需求，同时建立与软件研制要求中规定的系统级安全性要求的追踪关系。

（1）主要步骤

1）根据软件系统需求规格和软件系统设计说明，分析并细化软件的功能、性能、数据、接口、人机界面和可靠性等要求，并对每项需求进行标识；

2）确定软件的开发和运行环境；

3）明确软件的设计约束条件和设计准则；

4）结合通用的软件安全性要求，根据软件系统需求规格和软件系统设计说明中提出的软件安全性要求，确定并标识每项软件安全性需求；

5）建立每项软件需求与软件系统需求规格和软件系统设计说明中相关要求的追踪关系，特别是软件安全性需求的追踪关系；

6）按照规范化的格式要求，将上述分析结果编写成软件需求规格说明。

（2）技术要求

1）软件需求规格说明应涵盖软件所采用的与业务相关的数学模型、处理流程，以及详尽的容错和异常处理要求。

2）选择恰当的方法精确定义软件的功能、性能等全部需求。采用结构化方法时，可利用数据流图、控制流图、状态转换图、处理说明与数据字典等手段展现功能与信息模型；采用面向对象方法时，则可通过用况图、顺序图、状态图等方式表达。

3）功能需求的定义需详尽说明每项功能的目的、输入、处理流程及输出，并全面覆盖异常情况的处理要求和应急方案。

4）对软件的处理时间、吞吐量和占用空间等性能指标进行初步评估。

5）列出所有潜在的不利事件及其处理要求或措施。

6）建立软件需求与软件研制要求之间的追踪关系。

7）软件需求规格说明的编制需满足以下质量要求。

a）完整性：涵盖所有关键功能、性能、设计约束和外部接口需求描述，明确各种环境下可能的输入数据定义，以及合法与非法输入数据的处理策略等；

b）准确性：对软件需求的描述要清晰无误，确保每项需求仅有一种解读，不存在二义性；

c）一致性：各项需求的描述不矛盾，采用的概念、定义、术语需统一、标准化；

d）可验证性：避免使用不可量化的词汇（如“通常”“一般”“基本”等）描述需求，确保每项需求均可通过检验验证是否满足；

e）可追踪性：软件需求规格说明中的需求应能向上追溯至软件研制要求或软件系统需求规格或系统设计说明。

2.2.3 软件概要设计

依据软件需求规格说明，设计软件架构，规划全局数据库和数据结构，并撰写软件概要设计说明。

在安全性方面，应遵循软件可靠性及安全性设计准则，确定适用的软件安全性设计方法，确保软件需求分析中确定的全部安全性需求在软件概要设计中得以体现，并建立安全性设计与软件需求规格说明中安全性需求的追踪关系。

（1）主要步骤

1）进行软件结构设计，定义软件单元，将需求规格说明书中的功能分配至各软件单元，并明确各个单元间的关系；

2）提供各单元的功能描述、数据接口和控制接口说明；

3）编制软件概要设计说明，必要时可单独编制软件接口设计说明及软件数据库设计说明（如适用）。

（2）技术要求

1）各单元应功能单一，单元接口的复杂性应保持在较低水平；

2）各单元的功能和接口要求应完整且正确；

3）设计需符合设计约束条件和有关设计准则；

4）设计需确保可靠性和安全性；

5）设计需符合数据安全保密的标准。

2.2.4　软件详细设计

对概要设计中产生的单元进行详细描述，包括程序算法、接口、数据结构和数据库设计（若有），并编写软件详细设计说明。详细程度应达到能够根据该说明进行软件实现的要求。

（1）主要步骤

1）对各单元进行过程描述，确定单元内的算法及数据结构；

2）按照软件可靠性和安全性设计准则，对各单元进行可靠性和安全性设计；

3）确定编程风格和编程规范；

4）编写软件详细设计说明，如有需要，还应编写数据库详细设计。

（2）技术要求

1）详细设计应控制每个单元的复杂度，确保每个软件单元的圈复杂度不超过 10；

2）设计应满足低耦合度和高内聚度的要求，使每个软件单元的扇出数小于 7；

3）应制定编码符号的使用规则，确定命名规则和重要标识信息的全局定义；

4）明确规定各单元之间的接口，包括共享外部数据、参数形式和传送方式、上下层调用关系等；

5）详细描述每个单元的所有输入、输出和处理功能，使用流程图等方式对处理过程进行详细说明，并明确输入/输出的参数类型和阈值范围（如有需要）；

6）每个软件单元应只有一个入口和一个出口；

7）设计需符合设计约束条件和所有相关设计准则。

2.2.5　软件实现

软件实现是根据软件详细设计说明、接口设计说明、数据库设计说明（如有）进行编码调试和单元测试的过程。

（1）主要步骤

1）依据详细设计说明，使用指定的编程语言对每个软件单元进行编程，特别是要确保每个关键软件单元的软件安全性需求通过编程得以实现；

2）形成软件源程序清单；

3）开展静态测试，可采用工具辅以人工分析，进行代码审查和静态分析，对关键模块还应开展代码走查；

4）开展动态测试，可根据软件的具体情况，选择核心关键模块进行单元级动态测试。

（2）技术要求

1）用指定的编程语言，按照相关编码准则进行编码；

2）每个软件单元实现的功能、性能和接口应满足详细设计的要求；

3）软件完成调试后，应及时清除用于调试的多余语句和冗余代码；

4）对所有代码开展代码审查和静态分析，并确保满足质量和规范的要求；

5）对A、B级软件的核心关键单元，单元测试的覆盖率应达到语句分支覆盖率100%的要求。C、D级软件或规模较大的非嵌入式软件对核心关键单元开展动态测试。

2.2.6 软件配置项测试

软件配置项测试旨在验证产品是否满足分配的需求，确认软件配置项是否遵循软件需求规格说明中的各项要求，并评估其是否具备参与后续系统测试的资格。

（1）主要步骤

1）制订软件配置项测试计划；

2）编制软件配置项测试说明文档；

3）建立并校核软件配置项测试环境；

4）根据软件配置项测试计划、测试说明及相关测试要求执行测试，分析测试中发现的问题，制订回归测试方案，并对更动后的软件配置项进行相应的回归测试；

5）撰写软件配置项测试报告。

（2）技术要求

1）软件配置项测试环境应尽可能与软件真实运行环境一致或等效。

2）软件配置项测试应全面覆盖软件需求规格说明中的所有需求，尤其是软件安全性需求。安全性测试需覆盖全部软件安全性需求，验证其正确实现，确保软件的安全功能在指定条件下（包括极端条件）、非正常状态下和高负载条件下均能满足相应要求。

3）测试用例的输入应至少包含有效等价类值、无效等价类值和边界数据值。

4）应测试软件配置项的所有外部输入、输出接口（包括与硬件之间的接口）。

5）应测试软件配置项的输出及其格式。

6）应按软件需求规格说明的要求，测试软件配置项的安全保密性，包括数据的安全保密性。

7）应测试软件配置项在边界状态和异常状态下，或在人为设定状态下的功能和性能。

8）应测试软件配置项的全部存储量、输入/输出通道的吞吐能力和处理时间的余量。

9）应测试设计中用于提高软件配置项安全性、可靠性的结构、算法、容错、冗余、中断处理等方案。

10）对安全性关键的软件配置项进行安全性分析，明确危险状态及潜在原因，并实施针对性测试。

11）对有恢复或重置功能需求的软件配置项，应测试其恢复或重置功能及平均恢复时间，并且对每种触发恢复或重置的情况进行测试。

12）应按照用户手册测试人机交互界面提供的操作和显示界面，包括非常规操作、误操作和快速操作等，验证界面的可靠性。

13）对不同的实际问题增加专门测试。

14）在软件配置项测试计划、测试说明和测试报告中建立测试用例对软件需求、测试结果对测试用例的追踪关系，特别是测试用例对软件安全关键需求的追踪关系。

15）对安全关键等级为 A、B 级的嵌入式软件、非嵌入式软件以及 FPGA，在配置项级进行逻辑测试，确保源代码测试的语句、分支覆盖率均达到 100%。对于因测试条件限制而覆盖不到的分支、语句，应进行逐一分析和确认，并提供分析报告，在测试报告中进行分析说明。

16）应分析测试中发现的问题，进行原因和影响域分析，并根据分析结果制订更动方案，经批准后进行更动。软件的更动参照第 5 章进行实施，对更动后的软件应进行回归测试。

2.2.7　系统测试

系统测试是在真实环境下验证软件系统各配置项之间是否能协调工作，是否符合研制要求，合同要求，系统规格说明、系统设计说明或总体技术方案的要求。

系统测试应完成两方面工作：一方面是软件配置项集成工作，即按照软件系统设计说明中规定的软件系统结构，将各软件配置项集成为相应级别的软件系统；另一方面是软件系统测试工作，重点评估各软件配置项是否能够协调正确工作，检查各软件配置项之间的接口，包括数据流、控制流、时序关系和接口信息协议等。软件配置项集成与系统测试应同步完成。

根据系统的规模和复杂程度不同，系统可能进行层次分解。因此，系统测试工作需根据层次分解情况，相应开展不同层次的系统测试，如分系统级测试和系统级测试。

系统测试中需对系统软件能力进行测试和评估。

（1）主要步骤

1）制订系统测试计划；

2）编制系统测试说明；

3）建立和校核系统测试环境；

4）依据系统测试计划、测试说明和相关的系统测试要求实施系统测试；

5）分析测试中发现的问题，并提出更动方案，经批准后进行更动，对更动后的系统重新进行测试；

6）编写系统测试报告。

（2）技术要求

1）重点测试软件配置项间的协调性；

2）测试应在软件所属系统的目标工作环境进行，条件不具备时，可以在模拟环境下进行，但应分析两者的差异；

3）系统测试应覆盖研制要求、合同要求、系统规格说明、系统设计说明或总体技术方案（系统需求规格说明）的所有规定；

4）测试用例的输入应至少包括有效等价类值、无效等价类值和边界数据值；

5）应测试系统的输出及其格式；

6）应测试配置项间及配置项与硬件间的所有接口；

7）应测试软件系统在边界状态、异常状态下或在人为设定状态下的功能和性能；

8）应测试系统访问和数据安全性；

9）应测试系统的全部存储量、输入/输出通道的吞吐能力和处理时间的余量；

10）应按照用户手册对人机交互界面提供的操作和显示界面进行测试，包括非常规操作、误操作和快速操作等，测试界面的可靠性；

11）应测试设计中用于提高软件系统安全性和可靠性的结构、算法、容错、冗余、中断处理等方案；

12）对于安全性至关重要的软件系统，应对其进行安全性分析，明确界定每一个危险状态及其潜在原因，并对此进行针对性的测试；

13）对有恢复或重置功能需求的软件系统，应测试其恢复或重置功能的有效性和平均恢复时间，并对每一种触发恢复或重置的情况进行测试；

14）对软件系统的安装性进行测试；

15）针对不同的实际问题，应增加相应的专门测试；

16）在系统测试报告中，应建立测试用例与软件研制要求、合同要求、系统规格说明、系统设计说明或总体技术方案（即系统需求规格说明）等的追踪关系；

17）系统测试后，应分析测试中发现的问题，进行原因和影响域分析，并根据结果制订更动方案，经批准后进行更动，软件的更动参照第 5 章进行实施，对更动后的系统应进行回归测试。

2.2.8 软件验收与移交

软件验收与移交工作主要由合同甲方组织完成，软件研制单位需配合进行软件验收测试，并准备需要移交的软件，包括软件代码、可执行程序、安装包（若有）、文档和数据等，确保移交的产品符合研制要求或合同规定。

软件验收前，通常通过第三方机构完成系统级测试；若无法安排第三方测试，可由合同甲方组织验收测试。

验收前，合同甲方应组织对系统软件能力进行评估，并出具评估报告。评估报告需进行评审，评审人员应包括合同甲方、试用/使用单位、第三方测评机构（若有）和相关领域专家等。

嵌入式软件和可编程逻辑器件软件不单独进行软件验收与移交，随系统一同进行验收与移交。验收与移交过程中应组建软件验收审查组，并提出软件验收审查意见。

验收与移交工作的步骤如下：

（1）主要步骤

1）软件研制单位提交软件验收申请；

2）合同甲方制订软件验收计划；

3）成立软件验收委员会，成员包括合同甲方、试用/使用单位、邀请的相关领域专家以及软件研制单位代表、第三方测评机构（若有）代表；

4）合同甲方组织制订验收测试计划和审查计划，并依据计划进行软件验收测试和资料验收审查；

5）组织软件验收评审并形成评审意见；

6）软件验收通过后，软件研制单位应根据验收评审意见完成后续工作，并在得到认可后，按照软件研制要求中明确的产品移交规定，将软件转交给合同甲方，合同甲方应按要求做好接收工作；

7）若验收未通过，软件研制单位应按照要求进行相应的处理后重新提交验收申请。

（2）技术要求

1）软件验收申请主要涵盖软件名称、软件的主要功能与性能、软件文档与审查情况、软件验收测试结论及其他验收条件的满足情况等。

2）验收计划通常涵盖验收目的、验收内容、技术条件、验收方法、进度安排、人员组成、验收准则和验收记录等内容。

3）验收测试一般由第三方测试机构执行，其技术要求可参照 2.2.7 节系统测试的要求，需逐项检查研制要求的所有功能、性能等是否满足要求。在进行验收测试时，需确保软件功能和接口与研制要求或合同要求一致。若验收测试的内容在相应测试中已完成，经确认后可直接采用相关测试结果。

4）软件能力评估的结果需满足研制要求。

5）验收审查应检查文档资料的完整性、文档间的一致性、交付产品与软件研制要求的符合性以及是否满足有关标准。

6）验收评审通过的准则应包含：

a）软件符合软件研制要求规定的全部功能、性能和其他标准；

b）文档齐全，满足研制要求或合同要求及有关标准；

c）文档间保持一致，程序和文档相符。

7）软件移交时，应逐项核实需移交的软件，并签署移交清单。移交清单应详细列出移交软件项的名称、代号、版本号、装载媒体、数量、交接时间、地点、移交人及接收人签名，并加盖单位公章。

2.3　开发模型参考

软件研制单位应根据软件研制要求或合同等相关文件，结合软件的具体特性，选择合适的软件开发模型，并在软件开发计划中进行说明。

纯软件开发或以软件开发为主体的系统，其研制过程通常采用快速迭代开发模型。对于需求明确且稳定的软件开发项目，可选择瀑布开发模型。

2.3.1　快速迭代开发模型

快速迭代开发模型包括原型开发、迭代开发和测试验收阶段。在迭代开发过程中，为确保软件质量和开发效率，需在总体架构设计符合规范的基础上，考虑架构设计的稳定性，以保证整个开发活动基于“稳定的架构设计，快速的迭代开发”进行实施。

快速迭代开发模型的示意图如图 2-1 所示。

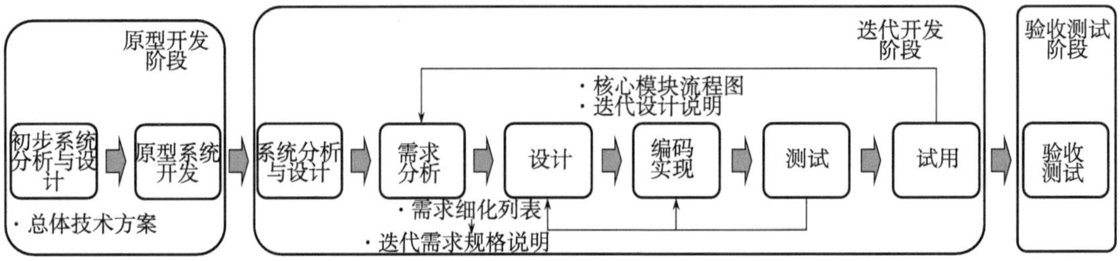

图 2-1 快速迭代开发模型的示意图

(1) 原型开发阶段

原型开发阶段可采用竞争比测方式直接获得原型软件（版本号 0.0.0.0）或总体技术方案。

1) 依据：研制要求，包括合同技术要求和相关标准规范。

2) 活动：研制单位根据研制要求和以往项目经验，进行初步的需求分析和设计，形成总体技术方案（或初步的系统规格说明、系统设计说明），并尽可能完成原型系统的开发。

3) 工作产品：总体技术方案（系统规格说明、系统设计说明）或/和原型系统。

4) 技术要求：

a) 总体技术方案（或初步的系统规格说明、系统设计说明）需满足所有研制要求，涵盖功能、性能、接口、安全性等系统需求，并包含通用质量特性、软件工程化、进度等要求。

b) 原型系统应涵盖研制要求规定的部分核心功能，并对关键技术提出解决方案。

(2) 迭代开发阶段

在迭代开发阶段，研制单位根据研制要求和经合同甲方细化的需求等，迭代完善原型系统，并适时开展试用，直至完成基本版软件开发。

1) 依据：研制要求、总体技术方案、原型系统（若有）、合同甲方细化的需求、试用反馈意见（若有）。

2) 活动：

a) 系统需求分析与设计。根据研制要求、研制合同、总体技术方案、原型系统（若有）、细化后的需求、试用反馈意见（若有），进行系统分析和系统架构设计，形成系统总体设计方案（系统规格说明和系统设计说明）。系统总体设计方案的详细要求见 2.2.1 节中的相关内容。

b) 迭代开发。

ⅰ) 迭代需求分析。对研制要求、总体设计方案、原型系统（若有）或上一轮迭代开发的系统、细化的需求、试用反馈意见（若有）进行分析，形成迭代开发阶段的需求分析结果，需求分析结果可以是迭代需求规格说明（在初期的迭代过程中，可以是需求细化列表等形式）。

ⅱ）迭代设计。根据迭代的需求分析结果，进行迭代设计，形成迭代设计说明（在初期的迭代过程中，可记录核心模块的流程图等）。

ⅲ）迭代实现。按照迭代设计和编码规则进行编码实现。

ⅳ）迭代测试。按照本次迭代需求，对实现的结果进行迭代测试，测试内容主要包括功能、性能和接口等，必要时增加其他测试类型。迭代测试的具体要求见第 5 章。

ⅴ）迭代试用。迭代测试完成后可交合同甲方进行试用，并收集试用提出的软件问题和改进建议。

ⅵ）重复ⅰ）～ⅴ）步骤，直至完成基本版开发。

c）软件开发文档编写。在最后一次迭代开始前，需完成软件需求规格说明、软件设计说明和测试大纲的编写，进行软件需求规格说明、设计说明和测试大纲的评审，并在测试完成后进行测试报告的评审。

d）当合同甲方确认已完成研制要求中规定的软件需求后，软件完成基本版开发，版本定义为 0.0.0.N。

3）工作产品：系统总体设计方案（或系统规格说明和系统设计说明），合同甲方细化的需求，软件问题，软件需求规格说明（或需求细化列表），设计说明（核心模块的流程图），测试大纲，测试报告，软件基本版。

4）技术要求：

a）系统总体设计方案（或系统规格说明和系统设计说明）应全面覆盖研制要求，如通用质量特性、人机工效、标准化要求等。

b）系统架构设计应遵循相关标准规范和架构设计要求。

c）细化的需求按照第 3 章进行说明。

d）在迭代开发过程中，研制单位应有效地记录需求分析、设计和测试结果，应在形成基本版前完成需求规格说明、设计说明的评审，并对基本版进行全面的测试。软件文档的编写参照第 9 章执行，评审要求按照第 4 章执行，测试按照第 5 章执行。

e）在迭代开发过程中，研制单位应对软件版本实施有效控制，版本控制按照第 6 章执行。

（3）验收测试阶段

研制单位在验收测试阶段，需进行下列测试验收工作：

1）依据：研制要求、细化的需求、系统总体设计方案、软件需求规格说明、软件系统规格说明、软件系统设计说明、用户手册、相关标准等。

2）活动：

a）合同甲方开展验收测试，具体要求见第 5 章和第 7 章。验收测试一般由第三方测评机构承担，按照要求编写测试大纲和测试报告等测试文档。

b）合同甲方组织开展软件能力评估，并形成能力评估报告。

c）通过验收测试和软件能力评估后，研制单位提交验收申请。

d）项目管理部门按照第 7 章组织验收与移交工作。

3）工作产品：研制要求中规定的工作产品，通常包括软件系统、相关的文档资料和数据等，测试验收过程中的验收测试大纲、验收测试报告、软件能力评估报告，以及验收意见等。

4）技术要求：

a）验收测试的级别为系统级，涵盖研制要求中的所有要求，测试类型至少应开展文档审查、功能测试、性能测试、接口测试、人机交互界面测试、边界测试、安全性测试、余量测试、强度测试、兼容性测试等，必要时需开展相关的专项测试。

b）验收测试应重点突出功能流程测试、性能测试、接口测试、人机交互界面测试、安装性测试、边界测试、余量测试、安全性测试、强度测试、兼容性测试等。

c）验收测试应充分利用目标环境和真实使用场景，开展全面系统的测试和评价。

d）验收测试应确定软件能力底数和运行条件，形成底数清单。

e）应开展软件能力分析评估，必要时补充相关测试，形成软件能力评估报告。

f）软件验收测试和能力评估应对软件系统提出改进建议，以便后续系统维护升级。

2.3.2　瀑布开发模型

瀑布开发模型根据生命周期的主要活动，从系统需求分析与设计开始，一个阶段的工作完成后，对该阶段的产品进行验证确认，问题归零后，转入下一阶段的工作。各阶段既相互独立，又相互联系，上一阶段工作是下一阶段工作的前提和依据，下一阶段工作是上一阶段工作的进化和完善。逐阶段实施，直至软件验收与移交。瀑布开发模型（图 2－2）的过程和要求详见 2.2 节的说明。

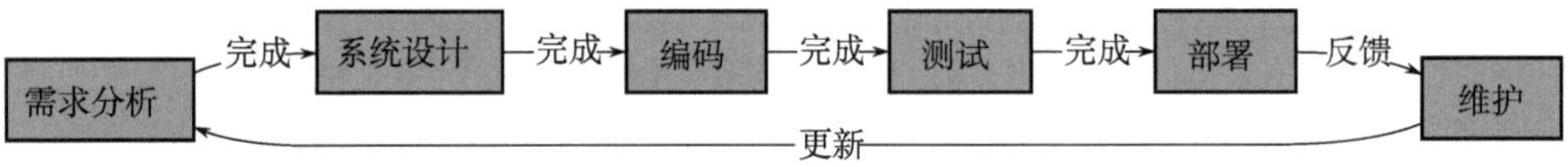

图 2－2　瀑布开发模型

2.4　文档要求

2.4.1　软件文档

软件研制单位应针对每个软件配置项建立一套软件技术文档，文档按相关标准或第 9 章进行编写。

2.4.2　文档的种类

在软件开发过程中，根据研制要求、软件关键等级和软件规模等级的不同，有选择地产生表 2-1 中的 16 种文档，选择原则详见 2.4.3 节。

表 2-1　软件开发文档

序号	文档名称
1	子系统/分系统/系统规格说明
2	子系统/分系统/系统设计说明
3	软件开发计划
4	软件需求规格说明
5	软件接口需求规格说明
6	软件接口设计说明
7	软件设计说明
8	数据库设计说明
9	软件测试计划
10	软件测试说明
11	软件测试记录
12	软件测试报告(含问题报告)
13	软件版本说明
14	软件用户手册
15	软件产品规格说明
16	软件研制总结报告

2.4.3　文档的取舍与合并

可根据软件关键等级和软件规模等级选择取舍有关软件文档。推荐按表 2-1 分别编写软件开发过程中的文档，若需取舍与合并，可采用表 2-2 中的指导性原则。

表 2-2　开发文档的取舍与合并原则

取舍 / 性质 / 文档	规模等级		关键等级	
	巨、大、中	小、微	A、B	C、D
系统规格说明	√	√	√	√
系统设计说明	√	√	√	√
软件开发计划	√	●	√	●

续表

<table>
<tr><th rowspan="2">取舍 性质
文档</th><th colspan="4">规模等级</th><th colspan="4">关键等级</th></tr>
<tr><th colspan="2">巨、大、中</th><th colspan="2">小、微</th><th colspan="2">A、B</th><th colspan="2">C、D</th></tr>
<tr><td>软件需求规格说明</td><td>√</td><td rowspan="2">●</td><td rowspan="2">●</td><td>√</td><td>√</td><td rowspan="2">●</td><td rowspan="2">●</td><td>√</td></tr>
<tr><td>软件接口需求规格说明</td><td rowspan="2">●</td><td rowspan="2">●</td><td rowspan="2">●</td><td rowspan="2">●</td></tr>
<tr><td>软件接口设计说明</td><td rowspan="2">●</td><td rowspan="2">●</td><td rowspan="2">●</td><td rowspan="2">●</td></tr>
<tr><td>软件设计说明</td><td>√</td><td>●</td><td>√</td><td>●</td></tr>
<tr><td>数据库设计说明</td><td colspan="8">☆如果软件设计包括数据库设计，应编写该文档</td></tr>
<tr><td>软件测试计划</td><td colspan="2">√</td><td colspan="2">√</td><td colspan="2">√</td><td colspan="2">√</td></tr>
<tr><td>软件测试说明</td><td colspan="2">√</td><td colspan="2">√</td><td colspan="2">√</td><td colspan="2">√</td></tr>
<tr><td>软件测试记录</td><td colspan="2">√</td><td colspan="2">√</td><td colspan="2">√</td><td colspan="2">√</td></tr>
<tr><td>软件测试报告</td><td colspan="2">√</td><td colspan="2">√</td><td colspan="2">√</td><td colspan="2">√</td></tr>
<tr><td>软件版本说明</td><td colspan="2">√</td><td colspan="2">√</td><td colspan="2">√</td><td colspan="2">√</td></tr>
<tr><td>软件用户手册</td><td colspan="2">√</td><td colspan="2">√</td><td colspan="2">√</td><td colspan="2">√</td></tr>
<tr><td>软件产品规格说明</td><td colspan="2">√</td><td colspan="2">√</td><td colspan="2">√</td><td colspan="2">√</td></tr>
<tr><td>软件研制总结报告</td><td colspan="2">√</td><td colspan="2">√</td><td colspan="2">√</td><td colspan="2">√</td></tr>
</table>

注：1. 当软件同时适用于几个类别时，按最高的要求处理。软件问题报告在实际工作中可用问题报告单代替，作为测试报告的附件一同成文。

2. √—独立文档，●—可合并，☆—可选文档。

第3章　软件需求管理

软件需求管理涵盖对软件需求的获取、分析、规格说明、变更、验证以及需求相关的项目管理工作。在软件开发的初始阶段，明确和详细的需求分析是项目确保成功的基础。通过与客户深入沟通，收集并整理出全面的软件需求，可以避免在开发后期出现需求变更而导致的成本增加和项目延误。因此，软件需求管理不仅关乎软件产品的质量，还直接影响项目的成本控制、交付周期以及最终的客户满意度。此外，需求管理还有助于规划项目进程、控制项目范围。一个清晰的需求管理计划可以协助团队有效地规划项目进程、合理分配资源、制订时间表，从而确保项目按时交付。同时，通过建立有效的变更管理机制，需求管理能够评估并确认需求变更的影响，确保项目的稳定性和可控性。

本章详细阐述了软件需求管理的目的、职责划分、需求分类及管理、需求管理表格模板示例等，为软件项目的顺利进行提供保障和基础。

3.1　需求管理的目的

1）为了有效管理软件研发过程中的需求，规范软件需求的提出、审批、分发、变更及维护管理，控制需求变化引起的开发、测试与需求不一致的情况，确保软件开发、测试、部署及运行管理等工作的顺利进行。

2）软件需求（以下简称“需求”）是指为实现软件功能、性能或其他要求，以及开发新的功能或系统而提出的需求。

3）需求管理相关的工作，包括但不限于：需求提出、审批、分发、变更等。

3.2　职责划分

1）合同甲方履行以下职责：

a）负责需求管理的整体协调工作，包括需求管理流程的审批等；

b）负责提出系统需求，提出对系统的功能、性能、设计约束和其他方面的期望和要求等；

c）负责系统需求变更分析、需求优先级评估等工作；

d）对需求进行管理和追踪；

e）负责对需求实现进行结果验证，确认需求实现的结果；

f）负责维护需求信息、跟进需求变更以及需求处理进展，定期报告需求进展。

2）使用单位履行以下职责：

a）负责提出系统使用需求，提出对系统的功能、性能、设计约束和其他方面的期望和要求等；

b）负责解释项目开发过程中遇到的系统需求问题；

c）负责对使用需求实现情况进行结果验证；

d）负责确认需求实现结果。

3）研制单位负责实现系统各种需求，履行以下职责：

a）负责需求开发过程相关工作，处理需求开发、实现、测试和系统部署运行工作；

b）负责对试用/使用单位提出的需求进行系统的功能、性能、设计约束和其他方面的需求分析；

c）负责编写软件需求文档，实现需求人员与开发人员的有效交互；

d）负责根据需求评审和评估意见，及时修改和调整需求内容；

e）负责本单位从研制合同开始到项目验收的需求管理与追踪；

f）负责提出涉及系统开发、性能优化及软件升级等方面的需求。

3.3　需求分类

1）需求可按其重要程度、紧急程度等多维度进行分类。

2）系统需求的重要程度：根据业务功能对整体业务系统的影响程度，可分为高、中、低三个级别，其中，高为最高级别。

a）高：该功能对整体业务系统有极大影响，如该需求为关键流程中的核心环节等；

b）中：该功能对整体业务系统有较大影响；

c）低：该功能对整体业务系统影响一般，如界面显示文字、字体、颜色等。

3）系统需求的紧急程度：根据业务功能的紧迫性，可分为高、中、低三个级别，高为最高级别。

a）高：该功能非常急迫，若不尽快实现，将导致关键业务流程无法正确执行，且无可替代方案；

b）中：该功能比较急迫，若不尽快实现，将影响业务流程的正确执行，但存在替代方案；

c）低：该功能急迫性一般，对业务流程影响不大。

3.4　需求管理

1）需求提交。需求提出人员可提出文档化的使用需求或通过填写《需求申请表》（见3.5.1节）提出需求。需填写需求类型、需求级别、需求详细内容。

2）需求对接。需求提出人员、合同甲方、各研制单位需进行需求对接。重点针对使用单位提出的需求中不明确或需要进一步细化的问题进行讨论。在对接过程中，由研制单位做好记录，对接后完成材料梳理，包括《需求对接记录表》（见 3.5.2 节）和《需求对接问题表》（见 3.5.3 节）。

3）需求分析。各研制单位根据试用/使用单位提出的需求文档或需求对接形成的需求对接表，逐项梳理形成需求清单，确定需求优先级，制订处理意见和措施，并预估软件完成时间。结合系统研制中对分系统、子系统和软件配置项的划分，完成需求分解映射，确保每项需求落实到具体的软件配置项，形成需求规格说明。需求处理及分解表详见 3.5.4 节。

4）需求实现。研制单位依据评估或审批后的《需求申请表》进行研制开发。

5）需求确认。根据计划完成研制后，由合同甲方组织各研制单位提交软件阶段成果，并对软件功能完成情况进行确认。

6）需求追踪。《需求申请表》应纳入需求管理和追踪。系统需求以时间为基线实行版本管理。在系统需求文档中，需明确需求的紧急程度和重要程度，并尽量细化需求。

7）需求变更。若原需求提出单位或研制单位等对已提交的需求进行变更，即对原需求进行增加、修改或删除需求内容，应提交《需求更改申请表》（见 3.5.5 节）。

3.5　需求管理表格模板示例

3.5.1　需求申请表

项目名称		项目标识	
需求申请人		申请人单位	
需求收集人		收集人单位	
需求类型	（功能新增、功能变更、功能移除、非功能、其他）		
需求级别	（重要程度：高、中、低等），（紧急程度：高、中、低等）		
期望完成时间			
需求详细内容			
审批意见	（签字）		

3.5.2 需求对接记录表

项目名称		项目标识	
对接时间		对接地点	
对接主题			

序号	对接人单位	对接人
1		
2		

3.5.3 需求对接问题表

序号	需求描述	主要问题	解答内容	释疑单位/人员	记录单位/人员	备注
1						
2						
3						
4						

3.5.4 需求处理及分解表

序号	需求编号	需求内容	处理意见	处理措施	预估完成时间	分系统	子系统	软件配置项	研制单位	备注
1										
2										
3										
4										

3.5.5 需求更改申请表

1. 项目基本信息			
项目名称		项目标识	
变更申请人		申请人单位	
变更类型	□增加 □删除 □修改	变更优先级	□高 □中 □低
变更原因			
变更依据/来源			
变更前内容描述（名称、功能、界面、性能等）			
变更后内容描述（名称、功能、界面、性能等）			
2. 变更影响分析			
变更分析人		需求分析日期	
影响分析	功能、性能、进度等		
3. 审核意见			
申请人	（签字）		
研制单位意见	（签字）		
试用/使用单位意见	（签字）		
论证单位意见	（签字）		

第 4 章　软件评审

软件评审在软件开发过程中起着至关重要的作用。通过软件评审，可以评估项目的进度、成本以及潜在风险，从而协助项目团队及时制订和调整项目计划，有效降低项目失败的风险。同时，评审过程中发现的问题和缺陷能在早期得到修复，避免在后期产生更动的损失，确保软件的高质量和可靠性。

本章详细阐述了软件评审的目的、类型、对象、内容、外部评审要求、主要技术评审要求、审查表示例以及评审意见等，适用于软件研制过程中的评审工作。

4.1　总体要求

4.1.1　评审目的

软件评审旨在严格规范研制过程，确保软件研制工作按照工程化要求进行，以保障开发活动和工作产品满足研制要求。

4.1.2　评审类型

4.1.2.1　技术评审和管理评审

根据目的和对象的不同，评审分为技术评审和管理评审。

技术评审是对软件开发活动产生的工作产品进行评价，以验证其是否符合预期的用途。

管理评审旨在全面了解项目进度、质量状况和风险情况，制订解决研制进度、质量问题，以及缓解风险的措施，以确保项目能够按照进度要求高质量地完成。一般将管理评审与项目的里程碑评审结合进行。

4.1.2.2　内部评审和外部评审

根据组织者不同，评审分为内部评审和外部评审。内部评审由研制单位或测试机构（统称为被评单位）自行组织。外部评审由合同甲方或其授权代表组织。

4.1.3　评审对象

技术评审的对象主要包括软件研制过程中的技术文件、软件代码、模型算法等。管理评审的对象一般包括项目进展情况（包括与计划进度的偏差）、需求变化情况、质量保证工作执行情况、配置管理工作执行情况、项目风险情况、项目资源提供情况（包括人员、保证软件研制活动正常开展的软硬件平台、与其他系统之间的接口等）、存在的技术和管理问题以及需要协调解决的问题等。

4.1.4　评审内容及要求

4.1.4.1　技术评审的内容和要求

1）评审工作产品是否完整、齐全；

2）评审工作产品是否规范；

3）评审工作产品是否协调一致；

4）评审工作产品是否满足技术要求和管理要求。

4.1.4.2　管理评审的内容和要求

1）评审是否按计划完成并提交了工作产品；

2）评审软件质量保证工作执行情况、软件配置管理工作执行情况、测试执行情况等是否落实、是否规范；

3）评审软件研制进度与计划进度是否一致、是否存在偏差；

4）评审需求变化的情况；

5）评审项目风险以及变化情况；

6）评审是否按照计划提供了项目的资源；

7）评审是否存在需要协调的技术问题、接口问题或管理问题，以及试用/使用单位的投诉、抱怨等。

4.2　外部评审要求

被评单位需对外部评审的工作产品进行内部评审，并在内部评审问题整改完成后，向合同甲方提出外部评审申请。

一般情况下，系统分析与设计、软件需求分析、配置项测试、系统测试等的工作产品应进行外部评审。对于重要里程碑进行的管理评审，可与上述技术评审合并进行。

4.2.1　外部评审的管理

合同甲方应按照软件研制要求（包括合同、技术协议等）组织外部评审。

4.2.2　外部评审的步骤

4.2.2.1　预审查

被评单位向合同甲方提出外部评审申请后，合同甲方负责预审查待评审工作产品的规范性、完整性。发现问题，提出修改意见，被评单位根据意见修改后方可进入正式评审。

4.2.2.2　确定评审时间和地点

合同甲方确定评审会的具体时间和地点。

4.2.2.3　成立评审组

合同甲方负责组织评审组，评审组通常由七人（含）以上单数组成，成员包括合同甲方、研制单位、试用/使用单位和相关领域专家。

4.2.2.4　提交评审对象

被评单位需按照评审要求，向评审组提交评审对象。技术评审需提交相应工作产品、依据文件以及上一开发活动相关评审问题的解决情况；管理评审需提交工作报告以及上次相关评审问题的解决情况。

4.2.2.5　评审会议

1）评审组组长主持评审会议，根据评审内容做适当分工；

2）被评单位汇报工作情况及被评工作产品的主要内容；

3）评审组进行质询与讨论；

4）评审结论为“通过”或者“不通过”，由评审组组长签署评审意见。当评审结论为“通过”，但被评审对象存在问题，或评审结论为“不通过”时，则需记录评审问题。

4.2.2.6　评审结论

评审结论分为以下两种：

1）通过；

2）不通过。

4.2.3　对评审结论的处理

4.2.3.1　对评审结论为通过的处理

1）当评审结论为通过且不存在待处理问题时，评审组长可签字确认评审通过，被评单位可开展后续工作；

2）当评审结论为通过但存在待处理问题时，被评单位需依据评审记录的问题进行相关工作产品的更动或其他问题的整改，并由合同甲方对问题整改情况进行核查后，由评审组长签字评审通过，被评单位可开展后续工作。

4.2.3.2　对评审结论为不通过的处理

1）被评单位需依据评审问题记录中的问题进行相关工作产品的更动或其他问题的整改；

2）由合同甲方对问题整改情况进行核查；

3）重新提出外部评审申请。

4.3　主要技术评审要求

4.3.1　系统分析与设计/总体设计方案评审

1）完整性审查。审查系统规格说明、系统设计说明或总体设计方案内容是否完整，并应向会议提供研制要求/合同、投标文件等备查文档。

2）规范性审查。确认文档的编制是否符合第 9 章的要求。

3）一致性审查。审查每个文档内部描述的一致性，文档间的协调性和一致性。

4）符合性审查。参照系统分析与设计文档审查表，逐项审查工作产品的内容描述是否准确并达到相应要求。

4.3.2　需求分析评审

1）完整性审查。审查研制单位是否提交了软件需求规格说明、软件接口需求规格说明（如需要）等工作产品，并提供系统规格说明、系统设计说明或总体设计方案等备查文档。

2）规范性审查。审查文档的编制是否符合第 9 章的文档编制标准以及第 2 章中的相关要求。

3）一致性审查。审查文档内部描述的一致性，文档间的协调性和一致性，以及与所依据文档要求的符合性，确保无遗漏项。

4）符合性审查。参照需求分析文档审查表，逐项检查工作产品的内容描述是否准确并达到相应要求。

4.3.3　设计评审

1）完整性审查。审查研制单位是否提交了软件设计说明、软件接口设计说明（如需要）、数据库设计说明（如需要）等工作产品，并提供需求规格说明等备查文档。

2）规范性审查。审查文档的编制是否符合第 9 章文档编制标准的要求，以及第 2 章中的相关要求。

3）一致性审查。审查文档内部描述一致性，文档间的协调性和一致性，以及与所依据文档要求的符合性，确保无遗漏项。

4）符合性审查。根据提供的设计文档审查表的要求，逐项审查工作产品内容描述的准确性及是否满足相应要求。

4.3.4　测试评审

软件测试涵盖系统研制过程中的验证测试，如单元测试、配置项测试、子系统/分系统/系统测试、验收测试。各类测试均需进行相应评审。

1）完整性审查。审查研制单位是否提交了测试计划、测试说明（或测试大纲）、测试报告、测试记录、测试问题报告、回归测试方案等工作产品，并应向会议提供测试依据文件作为备查文档。

2）规范性审查。审查测试单位的文档编制是否符合文档编制标准要求，以及第 2 章、第 5 章、第 9 章中的相关要求。

3）一致性审查。审查每个文档内部描述的一致性，文档间的协调性和一致性。

4）符合性审查。根据提供的测试文档审查表的要求，逐项审查每个工作产品的内容描述准确性及是否满足相应要求。

5）测试执行情况审查。审查测试活动的独立性、可追踪性及充分性。

4.3.5 验收评审

软件验收评审的主要活动和过程见第 7 章。验收评审时应对软件研制总结报告进行审查，审查主要包括以下内容：

1）完整性审查。审查研制单位是否提交了软件研制总结报告。

2）规范性审查。审查文档的编制是否符合第 9 章文档编制标准的要求，以及第 2 章中的相关要求。

3）一致性审查。审查文档内部描述一致性，描述内容与实际研制过程是否一致。

4）符合性审查。根据提供的研制总体报告产品审查表的要求，逐项审查文档是否满足相应要求。

4.4 审查表示例

本节作为软件评审实践参考章节，对审查时应关注的审查内容分别进行了描述。

4.4.1 系统/分系统/子系统规格说明

4.4.1.1 系统/分系统/子系统规格说明审查表

序号	审查内容
1	准确标识和定义了系统运行的每一状态和方式
2	详细描述了系统必需的能力，并说明了与该能力有关的需求；必要时分条对子能力进行了说明；对需求所需的系统行为（包括适用的参数等）进行了描述，且内容完整，描述准确，无二义性
3	标识并描述了所需的系统外部接口，且定义完整、准确，无二义性
4	指明了系统内部接口的需求。如果所有内部接口留到设计时或在系统部件的需求规格说明中规定，应给出说明
5	指明了系统内部数据的需求，其中，包括对系统中数据库和数据文件的需求
6	分析了适应性需求，指明了与系统安装有关的数据需求，包括系统使用要求的运行参数
7	分析了安全性需求，指明了有关防止对人员、财产、环境产生意外或把此类危险降低到最低的安全性需求
8	分析了保密性需求，指明了维持保密性的系统需求，包括系统运行的保密环境等
9	分析了系统环境需求，详细说明软件系统的运行环境，包括计算机、硬件设备、操作系统、数据库及其他支持软件或系统等
10	描述了计算机资源需求
11	分析了设计和构造的约束
12	根据需要提出人员需求、培训需求、保障需求、其他需求等
13	为每个需求指出了为确保需求得到满足所应使用的合格性方法

续表

序号	审查内容
14	对分系统、子系统规格说明建立了追踪关系
15	文档编制规范、内容完整、描述准确一致

4.4.1.2　系统/分系统/子系统规格说明中的常见问题示例

1）系统概述中缺失了总体的建设背景介绍，且对系统主要用途的描述不清晰。系统概述旨在为读者提供系统的大致情况，涵盖系统的背景、用途、建设目标和运行环境等，以便读者建立对系统的初步印象。

2）引用文件的描述不够完整和清晰，常出现引用文件不完整和不准确的情况。注意不能漏写重要的引用文件，引用时应核实文件的版本和日期等是否准确。引用文件时，应明确标注文档号、标题、编写单位（或作者）和日期等关键信息。

3）文档中未明确给出所有专用术语和缩略语的定义。应确保文中出现的所有专用术语和缩略语都有完整的解释。

4）对系统功能需求的描述不完整、不清晰。在需求分析阶段，虽然对需求的认知较为宏观，但需求描述应该确保完整性，避免遗漏相关内容；需求描述应尽可能清晰，减少使用模糊或修饰性词汇。此外，系统功能需求应全面覆盖研制要求或合同要求。

5）对系统性能需求的描述不完整、不清晰。常见的问题包括未明确性能指标的具体场景和系统状态，导致性能指标难以测试和评估。例如，提出“数据处理时间不大于500 ms”时，未说明数据处理时间的起始点和结束点。又如，提出“CPU 占用不超过60%”，未说明该指标是在何种系统状态下的要求。此外，系统性能需求也应覆盖研制要求或合同要求。

6）对系统外部接口需求的描述不完整、不清晰。常见的问题包括接口漏项，接口数据元素描述不完整、不准确等。应清晰说明每个外部接口的协议、约束以及所有数据元素的数据类型和取值范围等关键信息。

7）系统的适应性需求、安全性需求、保密性需求、可靠性需求等其他需求描述不够完整和清晰。虽然这些需求不是主要内容，但同样重要。例如，对于运行环境多样的系统，适应性需求至关重要，需要详细描述。

8）对系统运行环境的描述不完整和不清晰。应尽可能详细地说明软件系统的运行环境，包括计算机、硬件设备、操作系统、数据库及其他支持软件或系统等。

9）系统的生产和部署阶段所需要的支持环境未描述。支持环境（如软件集成开发环境、需求建模软件或测试工具等）也应加以描述，以便准确、及时地获取必要资源。

10）文档编写不规范、内容不完整、描述不准确。应严格遵循所要求的标准规范，开展文档编制工作。

4.4.2 系统/分系统/子系统设计说明

4.4.2.1 系统/分系统/子系统设计说明审查表

序号	审查内容
1	描述了系统级设计决策
2	软件系统的体系结构合理、可行
3	软件系统的功能定义完整,描述准确、无二义性、可实现、可测试
4	软件系统的性能指标可量化,可测试
5	软件系统外部接口的定义完整、准确、无二义性、可实现、可测试
6	描述了软件系统的运行环境和适应性需求
7	以配置项为单位(包括软件配置项或/和硬件配置项),设计了软件系统体系结构或系统体系结构
8	为各软件配置项分配了功能、性能
9	设计了各软件配置项与其他配置项(包括软件配置项、硬件配置项、固件配置项)间的接口
10	进行了软件系统危险分析,合理确定软件配置项关键等级
11	合理分配了与每个配置项相关的处理资源
12	追踪关系完整、清晰
13	文档编制规范、内容完整、描述准确一致

4.4.2.2 系统/分系统/子系统设计说明（总体设计方案）中的常见问题示例

1）关键设计决策，如架构选择、关键算法应用、数据处理决策等未明确阐述，同时，关于性能、安全性、可靠性等关键性需求的设计决策也未被描述。

2）CSCI 的功能划分未全面覆盖软件系统的需求，导致系统实现不完整。这一问题可以通过建立系统设计说明和系统规格说明间的双向追踪来预防。

3）CSCI 的划分不够合理，如功能相对不独立、规模偏大或偏小、外部接口过于复杂等，CSCI 划分与软件功能模块的划分相似，遵循相关设计准则。

4）系统的部署环境及计算机硬件资源（如处理器、存储器、输入/输出设备、通信/网络设备）未得到详细描述。

5）CSCI 间的接口关系未得到描述或接口定义不清晰。

6）CSCI 接口未能全面覆盖软件系统接口。

7）CSCI 关键等级的设置不合理，应根据其功能、估计规模、安全风险等级等特性客观设置，避免为管理便利而随意提升或降低其关键等级。

8）系统设计说明和系统规格说明均为系统测试的重要输入，应考虑其可测性，尤其针对系统整体指标。

9）软件的可靠性指标与硬件的可靠性指标差异过大。通常，两者大致相当，可根据具体情况适当调整，但相差不宜过大，分配给软件的可靠性指标可比硬件的可靠性指标小些，并且所分配的指标应能验证。

4.4.3 软件需求规格说明

4.4.3.1 软件需求规格说明审查表

序号	审查内容
1	以 CSCI 为单位，进行软件需求分析
2	准确标识和定义了 CSCI 运行的每一状态和方式
3	总体概述了每个 CSCI 应满足的功能需求和接口关系
4	完整、清晰、详细地描述了全部外部接口（包括接口的名称、标识、特性、通信协议、传递的信息、流量、时序等）
5	完整、清晰、详细地描述了软件实现的功能，包括业务规则、处理流程、数学模型、容错处理要求、异常处理要求等专业应用领域的全部要求
6	软件功能、接口的需求描述准确、无二义性、可实现、可测试
7	完整、清晰、详细地描述了 CSCI 的性能需求，性能需求有可量化的指标
8	明确提出了软件的安全性、可靠性、易用性、可移植性、维护性需求等其他要求
9	对安全关键等级为 A、B 级的软件识别了所有可能的失效模式或相关区域，并提供了安全措施
10	标识了每个内部接口，描述了在该接口上将要传递的信息的摘要
11	标识了 CSCI 的数据元素，说明了数据元素的测量单位、极限值/值域、精度、分辨率、来源/目的（对外部接口的数据元素，可引用详细描述该接口的接口需求规格说明或相关文档）
12	详细说明了在将开发完成了的 CSCI 安装到目标系统上时，为使其适应现场独特的条件和/或系统环境的改变而提出的各种需求
13	描述了运行环境要求，包括运行软件所需要的设备能力、软件运行所需要的支持软件环境
14	详细说明了用于审查 CSCI 满足需求的方法，标识和描述专门用于合格性审查的工具、技术、过程、设施和验收限制等
15	详细说明了要交付的 CSCI 介质的类型和特性
16	描述了 CSCI 维护保障需求
17	给出了 CSCI 与“软件系统规格说明”和/或“软件研制任务要求”的双向追踪关系
18	文档编制规范、内容完整、描述准确一致

4.4.3.2 软件需求规格说明中的常见问题示例

1）软件需求规格说明未完整、清晰、详细地描述待开发软件实现的功能，这是后续软件设计、测试等工作的基础，也是软件设计说明、测试计划等技术文档的依据。因此，必须全面明确、细致地阐述待开发软件的功能，涵盖业务规则、处理流程、数学模型、容错及异常处理要求等所有专业领域的需求。

2）软件需求规格说明中对于待开发软件的外部接口描述不够完整、清晰，包括接口名称、标识、特性、通信协议、信息传递、流量、时序等关键信息。常见的问题包括接口漏项、数据元素描述不完整或不准确等。务必清晰说明每个外部接口的协议、约束及数据元素的数据类型、取值范围等。

3）各 CSCI 的性能需求在软件需求规格说明中描述不够完整、清晰。常见的问题包括未明确性能指标所要求的场景、所处的系统状态，导致性能指标难以测试和评估。例如，仅提出“查询时间<2 s”，但未说明具体数据量下的查询时间。

4）软件需求规格说明未明确提出软件的安全性、可靠性、易用性、可移植性、维护性需求等要求。例如，对于目标运行环境多样的软件，应清晰描述可移植性需求；对于关键等级为 A、B 级的软件，应有明确的安全性需求；对于有人机交互的软件，应明确易用性需求。

5）软件需求规格说明中引用文件的描述不完整、不清晰。应准确列出引用文档（文件）的文档号、标题、编写单位（或作者）和日期等信息，确保无遗漏，并核实文件的版本和日期等。引用文件主要包括软件开发任务书、软件开发计划等。

6）软件需求规格说明中未确切给出所有出现的专用术语和缩略语定义。应准确给出文中出现的所有专用术语和缩略语的完整含义，确保与软件系统的其他文档一致。

7）软件需求规格说明未标识每个内部接口，也未描述在该接口上将要传递的信息的摘要和 CSCI 的数据元素。应对内部接口进行标识，并详细说明接口数据元素的测量单位、极限值或值域、精度、分辨率、来源/目的等信息。

8）软件需求规格说明未指明各 CSCI 的设计约束。应明确各 CSCI 的设计约束，为后续软件设计提供依据。

9）软件需求规格说明未详细说明软件对其目标系统的安装要求及安装依赖的数据。应详细阐述在将 CSCI 于安装于目标系统时，为适应现场条件和/或系统环境改变而提出的需求。

10）软件需求规格说明未描述运行环境要求。应详细描述软件运行所需的设备能力和支持软件环境等，确保与研制需求和合同需求一致。

11）软件需求规格说明未详细说明用于审查 CSCI 满足需求的方法。应明确软件审查方法，并描述用于合格性审查的工具、技术、过程、设施和验收限制等。

12）软件需求规格说明未详细说明要交付的 CSCI 介质的类型和特性。应明确要交付的 CSCI 介质的类型和特性，特别是独特的交付需求，为后续交付和验收提供依据。

13）软件需求规格说明未描述 CSCI 的维护保障需求。应详细描述维护保障需求，为后续纠错、适应性和完善性等维护工作提供依据。

14）软件需求规格说明未描述本文档中的需求与《软件系统规格说明》和/或软件研制任务书中 CSCI 需求的双向追踪关系。应准确描述双向追踪关系，确保需求的可追溯性。

15）软件需求规格说明文档编制不规范、内容不完整、描述不准确。应严格遵循所要求的标准规范，开展文档编制工作。

4.4.4 软件接口需求规格说明

4.4.4.1 软件接口需求规格说明审查表

序号	审查内容
1	提供了一个或多个接口示意图，描述和标识了各 CSCI、HWCI 和本文档适用的各关键项间的连接关系和接口，对每个接口应标识其名称和项目唯一标识号

续表

序号	审查内容
2	详细说明了对接口的需求，应规定与各CSCI的连接是并发执行还是顺序执行，说明接口使用的通信协议以及接口的优先级别
3	对于并发的CSCI，应规定内部使用的同步方法
4	描述每个接口的数据要求，对每个通过接口的数据元素，应详细说明数据元素的项目唯一标识号、简要描述、来源/用户、度量单位、极限值/值域（若是常数，提供实际值）、精度或分辨率等
5	文档编制规范、内容完整、描述准确一致

4.4.4.2　软件接口需求规格说明中的常见问题示例

1）未提供接口示意图，该示意图本应描述和标识各CSCI、HWCI和本文档适用的各关键项之间的连接关系和接口。接口示意图整体描述了各CSCI、HWCI和适用的各关键项之间的连接关系，为接下来详细描述接口关系奠定基础，因此不可或缺。必要时，可分段绘制多个接口示意图。

2）每个接口未标识其名称和项目唯一标识号，这应予以纠正，以便准确描述并避免混淆。

3）接口的需求说明不完整，特别是通信协议和优先级别等关键信息未详细说明。需针对每个接口，清晰阐述其通信协议、优先级别等需求项。

4）每个接口的数据要求未清晰描述。对于通过接口传输的每个数据元素，应详尽说明其项目唯一标识号、简要描述、来源/用户、度量单位、极限值/值域（若是常数，则提供实际值）、精度或分辨率等。

5）本文档引用的所有文件未明确列出。应准确给出文中所有专用术语和缩略语的完整定义，并确保这些定义与软件系统的其他文档保持一致。

6）文档编制工作不规范、内容缺失且描述不准确。应严格按照既定标准规范进行编制，确保内容完整、描述准确。

4.4.5　数据库设计说明

4.4.5.1　数据库设计说明审查表

序号	审查内容
1	进行了数据库系统概念、逻辑、物理设计
2	数据的逻辑结构满足一致性和完备性要求
3	数据的冗余度合理
4	数据库的备份与恢复设计合理、有效
5	数据存取控制满足数据的安全保密性要求
6	数据存取时间满足实时性要求
7	网络、通信设计合理、有效

续表

序号	审查内容
8	审计、控制设计合理
9	视图设计、报表设计满足要求
10	文件的组织方式和存取方法合理有效
11	数据的群集安排合理、有效
12	数据在存储介质上的分配合理有效
13	数据的压缩与分块合理有效
14	缓冲区的大小和管理满足要求
15	对数据库访问和操作的软件单元设计合理、描述完整
16	正确提供本文档所涉及的数据库或 CSU 到系统或 CSCI 需求的双向追踪
17	文档编写规范、内容完整、描述准确一致

4.4.5.2 数据库设计说明中的常见问题示例

1）缺少对数据库应用整体策略的描述；

2）数据库应用策略描述不完整，如缺少备份策略、性能要求、存储要求等；

3）未对数据库选型理由进行说明；

4）缺少对数据库部署环境的描述；

5）仅描述数据库逻辑结构，未描述概念和物理结构设计；

6）物理结构、概念结构、逻辑结构存在不一致；

7）将数据库设计仅对应为数据库表结构的说明；

8）表结构定义不完整、不清晰，如未明确数据约束、字段关联关系等内容，索引设计不合理，影响查询性能；

9）未考虑数据库安全性和访问控制策略；

10）数据库设计说明与其他文档或实际库结构存在不一致。

4.4.6 接口设计说明

4.4.6.1 接口设计说明审查表

序号	审查内容
1	概述了接口所在系统，标识和描述了本文档适用的各接口在该系统中的作用
2	采用接口示意图描述和标识了各 CSCI、HWCI 和本文档适用的各关键项之间的连接关系和接口，对每个接口应标识其名称和项目唯一标识号
3	对每个接口进行了设计，包括接口的数据元素、消息、优先级别、通信协议及同步机制
4	对每个通过接口的数据元素，建立了数据元素表，表中应为数据元素提供下列信息：数据元素的项目唯一标识号、简短描述、来源/用户、度量单位、极限值/值域（若是常数，提供实际值）、精度或分辨率、计算或更新频率/周期、数据类型、数据表示法和格式、优先级等，以及对数据元素执行的合法性检查

续表

序号	审查内容
5	标识了接口间的每个消息，描述了数据元素对各个消息的作用，给出了每个消息与组成该消息的各数据元素间的交叉引用，以及每个数据元素与各数据元素间的交叉引用
6	规定了接口优先级和通过该接口传递的每个消息的相对优先次序
7	对于每个接口，描述了与该接口关联的商用、专用的通信协议，对协议描述应包括消息格式、错误控制和恢复过程、同步、流控制、数据传输机制、路由/编址和命名约定、发送服务、状态、标识、通知单和其他报告特征、安全保密等
8	文档编写规范、内容完整、描述准确一致

4.4.6.2　软件接口设计说明中的常见问题示例

1）未描述接口所在的系统以及接口在系统中的作用；

2）未唯一标识每一个内部、外部接口；

3）接口设计未覆盖需求规格说明中的接口需求，有遗漏；

4）未对接口连接图中的每一个接口进行说明；

5）接口设计内容描述过粗，不利于指导实现，如通信协议、数据元素定义不清晰等；

6）与接口关联的商用、专用的通信协议描述不够详细，缺乏必要的实现细节；

7）对接口的安全性和保密性考虑不足，未给出具体的安全保密措施和说明；

8）接口设计说明与其他文档或源代码等不一致。

4.4.7　软件设计说明

4.4.7.1　软件概要设计部分（结构化）审查表

序号	审查内容
1	概述了 CSCI 在系统中的作用，以及与其他配置项之间的相互关系
2	以 CSC 为实体进行了软件体系结构的设计
3	对 CSC 之间的接口进行了设计，标识了每个接口，并对与接口相关的数据元素、消息、优先级、通信协议等进行了描述
4	为每个接口的数据元素建立了数据元素表，说明了数据元素的名称和唯一标识号、简要描述、来源/用户、测量单位、极限值/值域（若是常数，提供实际值）、精度或分辨率、计算或更新的频率或周期、数据元素执行的合法性检查、数据类型、数据表示/格式、数据元素的优先级等
5	规定了每个接口的优先级和通过该接口传递的每个消息的相对优先次序
6	描述了接口通信协议，分小节给出了协议的名称和通信规格细节，包括消息格式、错误控制和恢复过程、同步、流控制、数据传输率、周期还是非周期传送以及两次传输的最小时间间隔、路由/地址和命名约定、发送服务、状态/标识/通知单和其他报告特征以及安全保密等
7	CSC 内存和处理时间分配合理（仅适用于“嵌入式软件”或“固件”）
8	描述了 CSCI 中各 CSC 的设计，将软件需求规格说明中定义的功能、性能等全部都分配到具体的软件部件，必要时，还应说明安全性分析和设计，并标识关键模块的等级
9	标识了 CSCI 中的全局数据结构和数据元素，建立了数据元素表

续表

序号	审查内容
10	标识了被多个 CSC 或 CSU 共享的 CSCI 数据文件，描述了数据文件的用途、结构、访问方法等
11	建立了软件设计与软件需求的追踪表
12	文档编写规范、内容完整、描述准确一致

4.4.7.2 软件概要设计部分（面向对象）审查表

序号	审查内容
1	概述了 CSCI 在系统中的作用，描述了 CSCI 和系统中其他配置项的相互关系
2	以包或类的方式在软件体系结构范围内进行了逻辑层次分解，将软件需求规格说明中定义的功能和性能等进行了分配，分解的粒度合理，相关说明清晰
3	采用逻辑分解的元素描述了有体系结构意义的用况，使体系结构设计与用况需求之间有紧密的关联
4	描述了系统的动态特征，对进程/重要线程的功能、生命周期和进程间的同步与协作有明确的说明
5	对每个标识的接口都设计了相应的接口类/包，规定了每个接口的优先级和通过该接口传递的每个消息的相对优先次序
6	描述了接口和数据元素的来源/用户、测量单位、极限值/值域（若是常数，提供实际值）、精度或分辨率、计算或更新的频率或周期、数据元素执行的合法性检查、数据类型、数据表示/格式、数据元素的优先级等
7	进行了安全性分析和设计，并标识了关键单元
8	为完成功能的需求，是否增加了必要的包/类，使层次分解的结果是一个完整的设计
9	描述了每个 CSCI 的实现视图，每个构件分配了合适的需求功能，构件的表现形式（exe、dll 或 ocx 等）合理
10	部署视图描述 CSCI 的安装运行情况，能够对未来的运行景象形成明确概念
11	建立软件设计与软件需求的追踪表
12	采用的 UML 图形或其他图形描述正确、详略得当，有必要的文字说明
13	文档编写规范、内容完整、描述准确一致

4.4.7.3 软件概要设计部分中的常见问题示例

1）部件划分未覆盖 CSCI 的全部需求；

2）软件部件的划分不够合理，如功能相对不独立、规模偏大或偏小、接口过于复杂等；

3）概要设计中软件部件的结构图不规范，如各种图形符号未使用标准符号、单个软件部件出现多次等；

4）软件部件的静态特征和动态特征描述不细致，如缺少部件的访问权限、资源要求、输入输出信息、异常处理要求等；

5）未描述部件之间的接口关系或接口定义不清晰，尤其容易忽视内部接口描述；

6）配置项、部件、单元、接口数据和变量未按命名规则命名；

7）以某一类型定义的数据类型在其使用全过程中发生改变；

8）未对软件需求规格说明中的全部质量特性进行设计，应建立设计与需求的双向追踪，确保每一个需求都得到设计。

4.4.7.4 软件详细设计部分（结构化）审查表

序号	审查内容
1	对每个软件单元规定了程序设计语言所对应的处理流程，包括流程图或伪代码
2	对每个软件单元有入口、出口设计
3	采用数据流图、控制流图描述了软件单元之间的逻辑关系和数据流动路径
4	每个 CSU 的详细设计信息应包括输入/输出数据元素、局部数据元素、中断和信号、程序算法、错误处理、数据转换、逻辑流程图、数据结构、局部数据文件和数据库、限制和约束等
5	明确规定软件单元之间的接口，包括接口的类型、参数、返回值等
6	说明了本 CSCI 需要用到的数据，包括配置数据设计、数据文件设计及数据库设计
7	确定实现安全关键需求的关键单元并进行标识
8	正确给出了软件详细设计与概要设计的追踪关系
9	文档编写规范、内容完整、描述准确一致

4.4.7.5 软件详细设计部分（面向对象）审查表

序号	审查内容
1	应将包分解到类，并用类图、时序图、活动图或文字等合适的方式进行描述
2	应对相关类的组合采用类族方式命名或采用设计模式命名，说明类组合的功能、特征等
3	对每个类说明了其类型、功能、在软件结构中的位置
4	说明了类的纵向、横向关系
5	说明了类的每一个属性，每个属性的名称、用途、类型、可访问性、值域、精度和合法性检查等，若是常数，应提供其实际值
6	说明了类的每一个操作，包括名称、功能、输入、输出、处理过程及算法、异常处理机制等，并采用了适当的文字或图进行说明
7	对数据文件或数据库的包装类，说明了类的静态特性，描述数据元素和类属性字段的对应关系
8	对于有状态变化的类，说明了类的动态特性，必要时可采用状态机或其他形式予以描述
9	说明了本 CSCI 需要用到的数据，包括配置数据设计、数据文件设计及数据库设计
10	正确给出了软件详细设计与概要设计的追踪关系
11	文档编写规范、内容完整、描述准确一致

4.4.7.6 软件详细设计部分中的常见问题示例

1）单元设计描述不完整，如缺少逻辑结构图、算法、存储分配图等详细说明；

2）未给出对程序使用的算法、公式等；

3）对单元的每一个输入、输出和数据库成分描述达不到可以编码的程度；

4）未说明软件单元所有的处理步骤，尤其是出现异常情况和不正当输入情况下的行为；

5）上下文使用的术语和定义不够标准或一致；

6）文档的风格和详细程度前后不一致；

7）界面的设计与文档描述的界面不一致；

8）输入/输出格式不一致；

9）计算中的输入、输出和数据库设计中使用的数据计量单位、计算精度和逻辑表达式不一致。

4.4.8 软件测试计划/大纲

4.4.8.1 软件测试计划审查表

序号	审查内容
1	测试组织独立、人员组成合理、分工明确
2	测试环境、测试资源满足测试任务的需求
3	功能测试项划分合理、充分，覆盖了软件配置项或系统所定义的所有功能
4	性能测试项划分合理、充分，覆盖了软件配置项或系统提出的所有性能指标
5	接口测试项划分合理、充分；覆盖了软件配置项或系统的所有外部接口，包括软件配置项或软件系统之间、软件系统和硬件之间的所有接口
6	每一测试项的测试要求明确、测试方法合理
7	测试项与测试依据文件之间的双向追踪关系
8	必要时提出系统依赖运行环境程度的测试要求（测试软件、硬件环境对系统性能的影响等）
9	必要时提出系统处理容量、负载能力、资源占用情况的测试要求
10	对于A、B级软件，提出安全性测试的要求
11	文档编制规范、内容完整、描述准确一致

4.4.8.2 软件测试大纲审查表

序号	审查内容
1	被测软件信息描述完整，包括软件版本、规模、关键等级、运行环境等
2	测试总体要求，包括测试级别、测试类型、测试策略描述准确、满足要求
3	测试项划分合理、充分，测试要求明确、测试方法选择合理
4	对测试内容充分性和测试方法有效性进行了分析，并对满足要求的情况做出说明
5	测试项应覆盖所有测试需求和隐含需求
6	建立了测试项与测试依据文件之间的双向追踪关系
7	对测试环境的描述准确、清晰，满足测试任务的需求，必要时进行环境差异影响分析
8	测试进度安排合理、满足要求
9	对测试结束条件和测试通过准则进行了描述，且无二义性
10	给出了软件质量评价的内容与方法
11	测试组织独立、人员组成合理、分工明确
12	对于A、B级软件，提出安全性测试的要求
13	从测评技术、管理等方面分析测评项目风险，并制订相应的缓解措施

续表

序号	审查内容
14	引用文件应全面,包括软件开发、测试的标准,被测软件的相关文档,测试中需遵循的文件等
15	文档编制规范、内容完整、描述准确一致

4.4.8.3　软件测试计划/大纲中的常见问题示例

1）对被测软件的描述不完整，主要表现在以下几个方面：

a）缺少了被测软件版本、规模、关键等级等信息。

b）在描述被测软件运行环境时，缺少了关键的硬件信息。

c）相关软件信息的描述不完整。

d）软件的内外部接口描述不够清晰明确。

对被测软件的描述应涵盖：

a）被测软件的名称、版本、规模及关键等级。

b）运行环境应包括软硬件环境和网络环境等，若涉及数据库系统，还需描述数据库系统的相关信息。

c）主要功能、性能和接口，接口描述建议采用图形化方式以增强清晰度。

2）引用文件的描述不全面。在引用文件描述中缺少软件研制、测试所需要遵循的标准和规范，以及被测软件相关技术文件。引用文件应包含：

a）软件开发和测试应遵循的标准和规范。

b）被测软件的相关文档，例如软件测试工作要求、软件需求规格说明书、用户手册等，需要根据测试级别确定被测软件的相关文档。

c）测试中需要遵循或依据的文件，例如通信协议，与测试活动相关的会议纪要等。

3）测试总体要求中提出的测试类型不全面，与测试工作要求不一致，未说明测试仿真环境的总体设计要求等。

4）测试项的定义不完整、不具体，主要体现在以下两方面：

a）对测试需求覆盖不全面，例如缺少对安全性需求、工作模式的测试，缺少对隐含需求的覆盖等。

b）对每个测试项的说明不具体、不完整，主要表现在以下九方面：

ⅰ）测试项说明不具体，对需要测试的内容描述不具体，尤其是性能、精度等有具体数值要求的测试内容没有详细说明，且未描述评估其满足情况所允许的偏差。

ⅱ）测试方法不明确，未说明测试数据的注入方式、测试结果的捕获方法，以及测试结果的分析方法等。

ⅲ）测试方法不恰当，无法满足测试要求，例如对毫秒级性能测试要求，应使用更精确的测量方法进行测试。

ⅳ）缺少对测试项约束条件的描述。

ⅴ）缺少对测试项评判标准的描述，特别是性能测试项的评判标准，未具体阐述应满足的误差要求。

ⅵ）测试充分性要求表述不明确，主要体现在未对测试用例设计的充分性提出具体要求。

ⅶ）测试项的终止条件设置不恰当，特别是容量、强度等测试项的终止条件，未根据各自特点进行定义。

ⅷ）优先级未定义或定义不恰当，优先级定义不恰当的最突出表现是所有测试项优先级的级别都相同。优先级应根据被测软件相关文档中的定义进行划分，如果被测软件文档未定义，则根据软件失效后造成的影响进行划分。

ⅸ）测试项与测试依据之间的追踪关系缺失或不正确。

5）软件/硬件环境描述不全面，不详细。鉴于测试的软件/硬件环境直接影响测试结果，需要对测试环境进行全面、详细的描述，以确保其有效性，具体问题主要表现在以下四方面：

a）硬件环境描述不准确。被测软件的运行环境与被测软件相关文档或实际的运行环境不一致。

b）测试环境考虑不全面。例如，强度测试对测试环境要求较高，考虑不全面可能导致测试无法进行。

c）测试所需软件的要求不明确，例如，测试程序所需要实现的功能、性能未提出具体要求，可能影响测试程序开发和测试用例执行。

d）测试所用硬件环境配置、测试软件版本等信息未进行说明。

6）测试数据的要求不明确，未列出测试所需的所有数据，缺少对测试数据规格、数量的描述。测试数据的准备对测试的进度和效率至关重要，因此，需要对测试数据的要求尽早规划，以便从用户、开发人员等处获得充分的测试数据，确保测试顺利进行。

7）测试环境的差异性分析不全面。测试环境直接影响测试结果，尤其是性能等测试，应进行充分分析，以确保测试结果可信。常见遗漏包括只对内存、CPU 情况进行分析，未对数据库系统、网络、磁盘读写速度等进行分析。

8）测试结束条件和测试通过准则不具体、可操作性差。测试结束条件和测试通过准则需要根据软件质量的要求而定，并与软件开发人员充分沟通，获得具体、可操作、可实施的测试结束条件和测试通过准则。

4.4.9 软件测试说明

4.4.9.1 软件测试说明审查表

序号	审查内容
1	测试用例设计应遵循对应的测试计划
2	正确给出了与测试活动有关的进度安排，包括测试准备、测试执行、测试结果整理与分析等
3	正确描述了测试所需硬件环境的准备过程
4	正确描述了测试所需软件环境的准备过程

续表

序号	审查内容
5	逐项审查测试所需的硬件环境和软件环境的就绪状况，如操作系统、测试工具、测试软件、测试数据等
6	测试用例设计是否覆盖了软件测试计划中标识的每个测试项
7	是否保证了每个测试项需至少被一个正常测试用例和一个被认可的异常测试用例所覆盖
8	对每个测试用例，是否详细描述了下列内容： 测试用例名称和项目唯一标识、测试用例综述、测试用例追踪、测试用例初始化、测试步骤、测试输入与操作、期望测试结果、测试结果评判标准、测试终止条件、前提和约束条件、测试用例设计方法等
9	测试用例描述表应清晰、规范、易理解
10	测试用例内容描述应准确，与测试计划的相关描述保持一致
11	建立了测试用例到测试项的追踪关系
12	文档编写规范、内容完整、描述准确一致

4.4.9.2　软件测试说明中的常见问题示例

1）测试环境描述中的软件/硬件资源与测试计划所提的要求不一致，例如硬件配置、软件版本存在差异等。

2）测试说明中缺少对数据准备的详细说明。测试数据是实施测试的必备条件，需全面考虑各类测试数据的准备，因此，需要在测试说明中较为详细地说明测试数据的准备情况，包括正常数据、异常数据、仿真数据、真实数据等。

3）测试用例的追踪关系不正确。尤其是在没有文档管理工具辅助管理时，经常出现测试用例与测试项的追踪关系不正确问题。

4）用例初始化、前提和约束条件的说明缺失。这些是测试用例执行的基础，应明确说明。以避免导致测试结果无法复现的问题，这通常是测试人员忽略或不重视这些内容导致的。

5）测试用例设计方法选择不当。为确保测试用例设计的合理性和充分性，需根据测试项的要求，选用恰当的测试用例设计方法。

6）测试用例设计未遵循测试项中的要求，测试方法与测试项要求不一致。这主要是因为发现测试项中的测试方法不恰当后，未及时更新测试计划中的相关说明。

7）测试输入及操作描述不具体。测试用例执行需依赖具体的测试输入和操作，但实施时常出现模糊、不明确和不具体的测试输入及操作，导致软件问题无法复现，无法准确、快速地定位缺陷等。

8）期望结果描述不明确。期望结果是描述预期的测试结果，是判断测试步骤是否通过的关键，但在测试用例说明中常存在期望结果不明确、不具体的情况。

9）评估标准较为笼统，有时甚至未说明判断依据。明确的评估标准是判断测试步骤是否通过的基础。

10）测试用例终止条件描述不当。每个用例的终止条件应根据不同测试用例的具体情况说明，通常是未根据实际情况进行描述。

11）测试用例的通过准则描述不具体，常见问题是所有测试用例均采用相同的通过准则。为提高准确性，应根据每个测试用例的具体情况详细说明其通过准则。

12）测试环境和测试数据的验证不充分，导致测试实施时，需要大量时间调整。有时，这些问题甚至会影响部分测试用例的正常执行。

13）测试用例的执行顺序未经有效策划。合理的执行顺序应根据测试资源、优先级等因素来确定，然而，常见问题是未制订明确的测试顺序，导致现场测试时临时决定，从而造成资源浪费，或与其他测试工作产生冲突。

14）在设计各类测试用例时，常出现以下问题：

a）文档审查的内容不具体、不明确。审查单中仅包含简单的“文档一致性”条款。为提高审查效果，应根据每个文档内容的特点制订具体、可操作的检查内容，并确保检查内容与文档规范一致，得到相关方的认可，尤其是测试任务委托方的同意。

b）代码审查不完整。通常只关注代码执行标准和可读性，而忽略了代码与设计的一致性检查和逻辑表达的正确性审查。

c）静态分析不全面，虽然可以利用工具辅助，但工具辅助检查的结果仍需进一步人工分析和确认，人工确认的工作量较大，这是测试中容易忽略的内容。

d）代码走查未明确选择关键代码的原则，通常应在代码审查、静态分析的基础上，针对问题较多、较关键的模块或测试无法覆盖的部分进行，需要根据软件设计和代码设计用例，通过人工模拟计算机运行，检查输出结果是否正确。常见问题是未明确走查内容选取的原则，用例的输入和输出结果不明确。

e）逻辑测试未对未覆盖部分进行分析，常见问题主要是对未达到测试覆盖要求的情况缺乏分析。应根据工具统计结果对未覆盖部分进行深入分析，并根据需要补充测试用例。

f）功能测试不全面，容易忽略异常输入、超负荷、饱和等“最坏情况”的测试。在配置项测试时，也缺乏对控制流程正确性、合理性的测试。

g）性能测试时，未考虑软件运行环境对性能指标的影响。同时，在度量性能指标时，未采用比指标要求精度更高的测量方法进行测量。

h）接口测试对接口异常情况和数据内容本身的错误考虑不足。

i）在人机交互界面的测试中未充分检查用户手册的一致性，也未充分考虑错误操作流程的测试。

j）强度测试未在软件达到饱和指标后再恢复到正常状态进行测试。

k）余量的测试多关注资源余量，而忽略了功能处理时间的余量测试。

l）安全性测试多对保密安全性进行了测试，对防止危险状态措施的有效性进行测试的内容考虑不全面。

m）多考虑输入边界测试，对输出边界的测试不充分。

n）多进行安装测试，未对卸载进行测试，也未对卸载后重新安装的正确性进行测试。

o）兼容性测试多考虑了新版本与旧版本之间的兼容性，对与其他软件的兼容性考虑不充分。

4.4.10　软件测试报告

4.4.10.1　软件测试报告审查表

序号	审查内容
1	对测试过程进行了描述
2	应说明被测软件的版本
3	应说明测试时间、测试人员、测试地点、测试环境等
4	测试环境应与测试计划、测试说明保持一致，如果有差异应进行说明，并分析对测试结果的影响
5	应说明测试用例设计与执行情况，如设计的测试用例数、实际执行的测试用例数、部分执行的用例数、未执行的用例数
6	对于每个执行的测试用例还应该说明执行结果（通过、未通过）
7	对于未执行和部分执行的测试用例，应说明原因
8	执行过程中如果增加了新的测试用例，则测试报告中应说明新增加的测试用例
9	应统计所有测试用例的测试结果，包括用例名称、执行状态、执行结果、出现问题的步骤及问题标识等
10	应根据被测软件文档、测试计划、测试说明、测试记录和软件问题报告等有关文档，对测试结果和被测软件问题进行分类和总结
11	对每个被测对象（被测软件）的质量分别进行了客观评估
12	文档编写规范、内容完整、描述准确一致

4.4.10.2　软件测试报告中的常见问题示例

1）被测软件的描述不全面，常遗漏软件关键等级、使用环境、主要技术指标、软件规模及开发语言等信息。

2）软件版本说明存在不准确之处。尤其在进行多次测试的情况下，测试报告中应精确记录每次测试的被测软件版本。常见问题包括未说明每次被测软件的版本信息或版本信息与实际情况不符。

3）在阐述测试过程时，若涉及多轮测试，应明确每次测试的软件版本及主要的变更情况。问题情况的分析与描述要准确，常出现的问题是描述与实际不符。

4）测试环境的描述在测试报告、测试计划及测试说明中不一致。测试报告中存在测试环境与实际测试环境不符的情况，同时也存在与测试计划中描述的测试环境不一致的问题，且未对此分析说明，也未评估在此环境下测试结果的有效性。

5）对测试用例的执行情况分析既不准确也不全面。常见问题是对测试用例执行数据的分析不准确，且对未执行或部分执行的测试用例未给出具体原因。

6）对问题严重性等级/问题类别、测试类型/问题严重性等级、问题缺陷率的数据分析不准确。同时，对未修改的问题没有进行详细、深入的分析，可能对系统的影响未进行说明。

7）软件评价客观性欠缺，主要体现在评价结论过于笼统且使用了模糊语言。建议采用列项或表格形式详细列出软件应满足的功能、性能、接口等要求，并逐一明确其满足情况。

8）需求满足情况描述既不全面也不清晰。常见问题包括：需求符合结果描述与实际指标要求存在偏差，隐性需求的达标情况未被列出，以及直接将测试记录内容粘贴作为结果描述，缺乏必要的总结性说明。

9）测试报告中缺乏针对被测软件的改进意见。应依据软件测试情况，针对被测软件质量、管理等方面提出具体的改进意见和建议。

4.4.11 软件测试记录

4.4.11.1 软件测试记录审查表

序号	审查内容
1	每个测试用例的测试记录应包括测试用例名称与标识、测试综述、用例初始化、测试时间、前提和约束、测试用例终止条件等基本信息
2	测试输入、期望测试结果、评估测试结果的标准等应与“软件测试说明”中的相关描述保持一致
3	应记录每个测试步骤的实测结果，当有量值要求时，应准确记录具体的实际测量值，如果实际测试结果已经存储在文件中，可以只记录文件名
4	测试记录应详细描述实际测试时的操作步骤
5	对于完整执行过的测试用例，应明确给出测试用例的执行结果（通过、未通过）
6	如果在测试中发现软件有问题，还应详细填写“软件问题报告单”
7	对未执行或未完整执行的测试用例，应逐个说明原因
8	测试人员签署测试记录
9	测试记录文档编写规范、内容完整、描述准确一致

4.4.11.2 软件测试记录中的常见问题示例

1）被测软件版本信息未记录。

2）输出结果未记录详细，只给出了测试步骤通过与否的判断，测试记录应客观、详细、准确和完整，而不是只给出判断性的结论。

3）实测结果和预期结果描述相同，未根据具体实测结果进行记录，测试结果有数值时，未记录实际量值。

4）当有多次测试执行结果时，未逐一记录。

5）未记录文档审查、静态分析、代码审查、代码走查的回归测试结果。

6）静态分析、代码审查只记录人工检查的结果，未记录工具检查结果。

4.4.12 软件问题报告

4.4.12.1 软件问题报告审查表

序号	审查内容
1	详细说明了发现的每一个问题，并形成问题报告单

续表

序号	审查内容
2	问题报告单对于软件问题的描述明确、清晰
3	合理划分了问题类别
4	合理定义了问题级别
5	建立了问题的追踪关系，即问题的来源
6	文档编写规范、内容完整、描述准确一致

4.4.12.2　软件问题报告中的常见问题示例

1）未记录出现问题软件的版本信息；

2）缺少对软件问题严重性等级定义的明确说明，且软件问题严重性等级的划分较为随意；

3）软件问题与测试用例的追踪关系缺失或追踪关系不正确；

4）问题的描述不够详细，造成问题无法复现；

5）未对未修改的问题进行详细深入分析，也未说明可能对系统产生的影响；

6）存在未按照研制相关程序办理的需求变更，尤其是影响主要功能性能指标、互联互通等重要需求变更，未得到论证单位、研制总体、试用/使用单位的共同确认。

4.4.13　软件用户手册

4.4.13.1　软件用户手册审查表

序号	审查内容
1	给出了软件安装过程，完整列出安装的有关媒体情况及使用方法
2	给出了软件的各功能及操作说明，包括初始化、用户输入、输出、终止等信息
3	标识了软件的所有出错告警信息、每个出错告警信息的含义和出现该错误告警信息时应采取的恢复动作等
4	文档编写规范、内容完整、描述准确一致

4.4.13.2　软件用户手册中的常见问题示例

1）软件用户手册不完整。一般需注意以下情况：

a）用户手册中缺少某些功能细节的详细说明，给用户使用带来不便。

b）对于配置文件形式的输入和输出文件，未明确说明文件的格式和内容要求。配置文件是软件的重要组成部分，尤其是输入文件，文件的格式、内容要求很重要。以下是一些常见示例：

ⅰ）配置文件中要求输入数据的范围为 0～255，如果超出此范围（如输入 256），则可能会导致配置文件加载失败；

ⅱ）配置文件中要求输入数据为数字，如果包含英文字母（如输入 123a），则可能导致配置文件加载失败；

ⅲ）配置文件中要求输入 3 个整数，以回车符隔开，若以空格隔开，如输入“111 222 333”，则可能会导致配置文件加载失败。

c）软件界面的输入未说明输入参数的范围，未给出允许使用字符组合的列表、禁止使用字符组合的列表、参数的缺省值、计量单位等。例如要求从软件界面输入发送帧间隔时间，但用户手册中未说明时间单位为 ms，用户可能会按照单位为 s 来输入，给用户操作带来不便。

2）软件用户手册存在不准确之处，例如其中关于某个功能的描述与软件实际操作不符。

3）软件用户手册的理解性较差，因为其对于软件界面的操作说明仅提供了文字描述，未附带图形表示，导致用户使用不便，理想的用户手册应图文并茂，便于理解。

4）软件用户手册缺乏操作实例，尤其是针对数据库操作类软件，未给出增加、删除、更改的实例。用户手册不仅应对重要功能和关键操作/文件提供应用实例，还应确保这些实例的描述详细、充分且易于理解。

5）出错信息不完整，当软件界面出现异常时，未提示出现异常的原因及用户处理方法。

4.4.14　软件产品规格说明

4.4.14.1　软件产品规格说明审查表

序号	审查内容
1	提供了产品所包含的设计文档
2	提供了产品的源代码列表
3	建立了源代码列表与计算机软件部件和单元的索引关系
4	规定了编译源代码的编译程序和链接程序
5	规定了在交付时产品所用的测试资源
6	文档编写规范、内容完整、描述准确一致

4.4.14.2　软件产品规格说明中的常见问题示例

1）可执行软件内容不完整。例如，某些软件可执行程序光盘中只包含一个 exe 文件，点击运行时，提示缺少 dll 文件，这通常是因为缺少必要的动态库。因此，提供可执行软件时，除了 CSCI 的可执行软件外，还应包括在目标计算机上安装和运行该软件所需的批处理文件、命令文件、数据文件或其他软件文件。

2）软件产品规格说明中源文件列表中的文件与实际文件名称、数量不一致，或遗漏了重要数据文件。特别是某些库文件、配置文件，虽非程序代码的一部分，但是，如果没有这些文件，软件就无法运转起来。例如，软件通过配置文件的方式实现程序的通用化，即软件将很多需经常修改的信息写入配置文件中，这样就能随时修改配置信息，发送不同的数据，不需要频繁改动代码。但是，配置文件也因此变得非常重要，成为软件必不可少的一部分。因此，提供源文件时，不仅要提供 CSCI 的源代码文件，还应提供可执行软件所需的批处理文件、命令文件、数据文件或其他文件。

3）未说明测试和使用等过程中的资源利用情况，包括对处理器能力、内存容量、输入/输出设备能力、辅存容量和通信/网络设备能力等的实际使用情况。例如，软件能够发送数据的最快频率是 200 帧/s，如果需求大于 200 帧/s，该软件就无法满足要求。

4.4.15　软件研制总结报告

4.4.15.1　软件研制总结报告审查表

序号	审查内容
1	任务的来源与研制依据描述准确
2	描述了软件研制过程的概述以及软件研制各活动/阶段所采用的方法和工作产品
3	描述了软件满足任务指标的情况
4	描述了质量保证措施实施情况。如在研制过程中发生过软件重大技术质量问题，也对问题和解决情况进行了准确描述
5	描述了项目的配置管理情况
6	提供了软件研制过程中的测量和分析数据
7	对软件功能和性能指标是否满足软件任务要求的情况进行了说明，并给出软件是否可以交付使用的结论
8	文档编写规范、内容完整、描述准确一致

4.4.15.2　软件研制总结报告中的常见问题示例

1）软件产品组成中没有提供软件配套表，或配套表的信息不准确（包括软件名称、版本、安全关键等级、研制类型等）；

2）软件实现说明缺少主要技术性能指标的信息，未能真实反映项目实现性能的实际状况；

3）研制工作每个阶段的工作内容总结不全面、不具体，导致无法判断与项目计划是否存在偏差；

4）缺少对某些过程管理情况的说明，或对每个过程管理工作内容的总结过于笼统，无法判断项目管理工作是否到位；

5）测量分析总结中缺少工作量、产品规模、项目进度等方面的实际完成情况与计划情况的详细对比，不利于直观展示项目测量分析结果；

6）质量保证总结中缺少对问题趋势及已发现问题解决情况的说明，不利于全面了解项目问题追踪情况；

7）缺少试用/使用和能力评估情况说明，应包含试用/使用中的问题和解决情况，以及能力评估的指标要求与验证结果；

8）未逐项对照研制要求（合同、技术协议等）说明功能和性能等指标的满足情况，或未提供具体测试结果以证明指标满足情况；

9）未说明评审、测试等验证确认活动中发现和解决问题的情况。

4.5 评审意见

本节对软件开发过程中主要技术评审提供了评审意见参考模板。

4.5.1 需求评审意见

××××年××月××日，×××单位在×××地召开了×××需求规格说明评审会。参加会议的代表见附件××。会议成立了评审组（名单见附件××），听取了项目组的需求规格说明汇报，查阅了相关资料，经质询讨论，形成以下意见：

1）需求规格说明内容完整明确，功能、性能、接口等需求分析清晰合理，数据、资源、质量特性需求恰当，需求优先顺序和关键性划分合理，满足合同技术要求（若有系统规格说明或总体设计方案，可写“满足系统规格说明或总体设计方案要求”）；

2）文档编写规范，符合相关标准要求。

评审组同意《×××需求规格说明》通过评审。

建议根据专家意见（见附件××）修改完善。

4.5.2 设计评审意见

××××年××月××日，×××单位在×××地召开了×××设计说明评审会。参加会议的代表见附件××。会议成立了评审组（名单见附件××），听取了项目组的需求规格说明，查阅了相关资料，经质询讨论，形成以下意见：

1）软件设计说明内容完整，结构和接口设计合理，执行方案可行，详细设计具体明确，满足需求规格说明的相关要求；

2）文档编写规范，符合相关标准要求。

评审组同意《×××设计说明》通过评审。

建议根据专家意见（见附件××）修改完善。

4.5.3 测试大纲评审意见

××××年××月××日，×××单位在×××地召开了×××测试大纲评审会。参加会议的代表见附件××。会议成立了评审组（名单见附件××），听取了项目组的测试大纲说明，查阅了相关资料，经质询讨论，形成以下意见：

1）测试大纲内容完整，覆盖了软件需求规格说明（和合同/测试任务书）中规定的内容，测试级别和测试类型选取适当，测试方法合理，测试环境和测试依据有效，测试通过准则明确，测试进度、质量控制和风险控制措施可行，符合软件测试相关要求；

2）文档编写规范，符合相关标准要求。

评审专家组同意《×××测试大纲》通过评审。

建议根据专家意见（见附件××）修改完善。

注：上述示例为配置项测试大纲评审意见，若是系统级测试大纲，应覆盖系统规格说明（总体设计方案）中规定的内容。

4.5.4　测试总结评审意见

××××年××月××日，×××单位在×××地召开了×××测试总结评审会。参加会议的代表见附件××。会议成立了评审组（名单见附件××），听取了项目组的测试总结说明，查阅了相关资料，经质询讨论，形成以下意见：

1）软件测试完成了《×××软件测试大纲》规定的全部测试内容，测试方法合理，测试环境满足要求，测评过程受控，测试结果明确，评价客观，符合软件测试的相关要求；

2）软件测评文档齐全规范，符合相关要求。

评审组同意×××软件（0.1.0.0 版）测试通过总结评审。

建议根据专家意见（见附件××）修改完善。

4.5.5　验收评审意见

××××年××月××日，×××单位在×××地召开了×××验收评审会。参加会议的代表见附件××。会议成立了评审组（名单见附件××），听取了研制单位的研制总结报告，合同甲方汇报的验收测试和能力评估结果、文件资料审核情况，查阅了相关资料，经质询讨论，形成以下意见：

1）软件系统符合研制要求，相关文档资料齐全，格式规范；

2）软件研制总结报告内容完整，研制过程管理规范，软件技术状态受控；

3）开发经费使用合理。

该项目完成了任务书规定的研制内容。评审专家组同意×××项目通过验收。

建议根据专家意见（见附件××）修改完善。

4.5.6 总体设计方案评审意见

××××年××月××日，×××单位在×××地召开了×××总体设计方案说明评审会。参加会议的代表见附件××。会议成立了评审组（名单见附件××），听取了研制单位制作的总体设计方案报告，经质询讨论，形成以下意见：

1）总体设计方案内容完整，系统运行的状态和方法满足使用要求，能力需求明确，接口需求清晰，数据、资料质量特性需求等恰当，需求的优先顺序和关键性划分合理，满足合同要求；

2）系统体系结构设计和接口设计合理，执行方案可行，满足系统需求；

3）项目研制进度、资源安排、质量控制和风险控制措施等合理可行；

4）文档编写规范，符合相关标准规范要求。

该项目完成了任务书规定的研制内容。评审专家组同意×××项目通过验收。

建议根据专家意见（见附件××）修改完善。

第 5 章　软件测试过程

软件测试过程在确保软件质量、验证需求实现、提升用户体验、保障系统安全以及评估项目风险等方面发挥着重要作用。通过测试，能够及时发现并修复软件中的缺陷和错误，确保软件在功能、性能、安全性等方面均能满足预期要求。同时，软件测试有助于提升用户体验，增强用户信任，确保用户满意度，还能有效降低软件发布后的维护成本，确保软件能够稳定、可靠地运行。

本章说明了软件测试过程的一般要求、测试过程、测试技术要求、测试类型技术要求、问题类别和级别以及测试相关表格模板等，适用于软件确认、验收等测试过程的实施。

5.1　一般要求

5.1.1　测试目的

1）验证软件是否满足软件研制要求或合同、系统/子系统规格说明、系统/子系统设计说明、软件需求规格说明、软件设计说明等规定的软件功能、性能、接口及其他特性要求；

2）验证软件的技术文档及软件运行所依赖的数据是否完整、正确、一致、规范；

3）发现软件程序、技术文档、数据中存在的问题；

4）为软件确认、验收以及软件能力评估等提供有力依据。

5.1.2　测试级别

本章节说明的测试级别如下：

1）单元测试；

2）配置项测试；

3）系统测试。

当被测件被更动（仅修改文档情况除外），应对更动后的被测件进行回归测试。

5.1.3　测试类型

测试类型是测试内容逻辑上的划分。测试类型有多种，本章节不规定对被测件应实施的具体测试类型，测试组织应根据测试要求和/或被测件的具体情况确定测试类型，以满足测试依据，并在测试计划文档中进行明确说明。

应根据软件测试目的、要求及软件关键等级等特点，选取适当的测试类型，测试类型技术要求见 5.4 节：

1）文档类测试：文档审查；

2）代码类测试：代码审查、代码走查、静态分析、逻辑测试；

3）数据类测试：数据审查、数据处理测试；

4）功能类测试：功能测试、边界测试、恢复性测试、安装性测试；

5）性能类测试：性能测试、余量测试、容量测试、强度测试；

6）接口类测试：接口测试、人机交互界面测试；

7）专项类测试：安全性测试、可靠性测试、互操作性测试、兼容性测试。

5.1.4 测试组织

根据软件的规模等级和软件关键等级，软件测试可由不同机构组织实施。软件测试人员的配备可参考表 5－1。

1）软件研制方应组织对软件单元、配置项和系统进行测试，软件单元测试可由开发人员完成，而软件配置项和系统测试应由独立于软件设计开发的人员进行；

2）软件验收应进行系统级测试，一般由第三方测评机构开展，也可由合同甲方组织成立验收测试组（可由软件专家、合同甲方、试用/使用单位、软件开发单位等组成）实施测试；

3）关键等级为 A、B 级的软件应进行第三方测试，其他重要的、关键等级为 C 级的软件，可由合同甲方确定是否开展第三方测试；

4）软件回归测试通常由被测件的原有测试组织开展。

表 5－1 测试项目组人员配备情况

工作角色	具体职责
测试项目负责人	管理监督测试项目，提供技术指导，获取适当的资源，制订基线，技术协调，负责项目按照质量要求和进度计划顺序实施
测试分析员	确定测试计划、测试内容、测试方法、测试数据生成方法、测试（软件、硬件）环境、测试工具，评估测试工作的有效性
测试设计员	设计测试用例，确定测试用例的优先级，建立测试环境
测试程序员	编写测试辅助软件
测试员	执行测试、记录测试结果
测试管理员	对测试环境和资产进行管理和维护
配置管理员	设置、管理和维护测试配置管理数据库
质量保证员	负责测试过程和测试工作产品的质量

注：1. 当软件的开发方实施测试时，配置管理员和质量保证员由软件开发项目的配置管理员和质量保证员承担；当独立的测试机构实施测试时，应配备测试活动的配置管理员和质量保证员。

2. 一个人可承担多个角色的工作，一个角色可由多个人承担。

应加强软件测试过程中的配置管理。软件测试的工作产品一般应纳入软件的配置管理中。已通过测试的软件状态和各项参数应详细记录，归档保存，未经测试负责人允许，任何人无权改变。

5.1.5　测试准入条件审查

在测试活动开展前，应对被测软件技术状态进行审查，满足以下条件方可进行测试工作：

1）软件源程序、相关文档资料和数据齐全；

2）已建立软件配置管理库，软件技术状态固化并纳入配置管理，具备进行指标考核的必要条件；

3）相应的研制任务书、软件需求规格说明等测评依据性文档内容详尽，已通过正式评审，与要求的技术状态一致；

4）具备动态测试环境，并能够确保软件测试期间提供动态测试环境。

5.1.6　测试过程

软件测试过程包括五个阶段，按顺序如下：

1）测试需求分析与策划。明确需要测试的内容、测试的充分性要求，提出测试的基本方法，确定测试的资源、技术需求，分析测试风险，安排测试进度，编写测试计划/大纲，进行测试计划/大纲评审。

2）测试设计与实现。设计和选取测试用例，获取并验证测试数据，根据测试资源、风险等约束条件，确定测试用例执行顺序，编制测试说明，获取测试资源，开发测试软件，建立并校准测试环境，进行测试说明与测试就绪评审。

3）测试执行。执行测试用例，获取并记录测试结果数据；分析测试过程是正常还是异常终止，视情况补充或停止测试；对测试过程中发现的问题进行分析确认并填写问题报告单。

4）测试总结。汇总测试数据，总结测试工作，评估测试结果，描述测试状态；编制测试报告，并进行测试总结评审。

5）回归测试应在软件更改及影响域分析的基础上视情况执行 1）～3）的步骤。

5.1.7　测试方法

从是否实际执行程序的角度，测试方法可分为动态测试和静态测试。从是否考虑程序内部结构和内部特性的角度，测试方法可分为白盒测试、黑盒测试和灰盒测试。测试方法的选用及要求包括：

1）单元测试一般采用白盒测试方法，辅助以黑盒测试方法；配置项测试和系统测试一般采用黑盒测试方法，辅助以白盒测试方法。

2）测试用例设计时，应依据测试类型的特点，使用恰当的测试方法对测试用例进行分析与设计，确保测试用例的充分性、典型性、准确性和合理性。

a）充分性。如使用功能分解法对功能测试项进行分解，应达到恰当的粒度。

b）典型性。如使用等价类划分法设计具有代表性的测试用例，避免同类测试用例无实质意义的重复。

c）准确性。如使用边界值分析法确定边界条件，并分析边界条件所对应的输入数据。

d）合理性。如使用判定表法生成测试用例，确保测试用例验证需求规格的合理性。

5.1.8 测试用例要求

5.1.8.1 测试用例设计原则

设计测试用例时，应遵循以下原则：

1）基于测试需求的原则。应按照测试级别的不同要求设计测试用例。例如，软件单元测试依据软件详细设计说明，软件配置项测试依据软件研制任务书（如有）和软件需求规格说明，系统测试依据系统规格说明和系统设计说明（或系统总体设计方案）。

2）基于测试方法的原则。应明确所采用的测试用例设计方法。为达到不同的测试充分性要求，应采用相应的测试方法，例如等价类划分法、边界值分析法、猜错法、因果图法等。

3）兼顾测试充分性和效率的原则。测试用例应兼顾测试的充分性和测试的效率，每个测试用例的内容也应完整，具有可操作性。

4）测试执行的可复现原则。应保证测试用例的执行结果是可复现的。

5.1.8.2 测试用例要素

每个测试用例应包括以下要素：

1）名称和标识。每个测试用例应有唯一的名称和标识。

2）测试追踪。说明测试所依据的内容来源，通常是对测试大纲/计划的追踪关系，应追踪到测试大纲/计划中的具体测试项或子测试项。

3）用例说明。简要描述测试的目的和所采用的测试方法。

4）测试的初始化要求。应考虑下述初始化要求：

a）硬件配置。被测系统的硬件配置情况，包括硬件条件或电气状态。

b）软件配置。被测系统的软件配置情况，包括测试的初始条件。

c）测试配置。测试系统的配置情况，例如用于测试的模拟系统和测试工具等的配置情况。

d）参数设置。测试前的设置，例如对断点、指针、控制参数和初始化数据等的预设。

e）其他对于测试用例的特殊说明。

5）前提和约束。在测试用例说明中明确所有前提条件和约束条件，如果有特别限制、参数偏差或异常处理，应标识出来，并说明它们对测试用例的影响。

6）输入。在测试用例执行过程中，向被测对象注入的所有测试命令、数据和信号等。对于每个测试用例应提供以下内容：

a）具体测试输入内容（如确定的数值、状态或信号等）及其性质（如有效值、无效值、边界值等）；

b）测试输入的来源（如测试程序生成、磁盘文件、网络接收、人工输入），以及选择方法（如等价类划分、边界值分析、错误推测等）；

c）测试输入真实性（真实或模拟）；

d）测试输入的时间或事件顺序。

7）期望结果。明确测试用例执行过程中由被测件所产生的期望测试结果，即经过验证的正确结果。必要时，应提供中间的期望结果。期望结果应具体明确，例如确定的数值、状态或信号等，避免笼统描述。

8）测试结果评估准则。判断测试用例执行中产生的中间和最终结果是否正确的标准。每个测试结果应包含以下信息：

a）实际测试结果的精度要求；

b）实际测试结果与期望结果之间差异的上限、下限；

c）时间的最大和/或最小间隔，或事件数目的最大和/或最小值；

d）实际测试结果不确定时的再测试条件；

e）与测试结果相关的错误处理；

f）其他有关准则。

9）测试步骤。按照执行顺序排列的一系列相对独立的测试用例执行步骤。每个步骤包括：

a）所需的测试操作、测试程序的输入/输出操作、设备操作等；

b）期望的测试结果；

c）评估准则；

d）程序终止伴随的动作或错误指示；

e）实际测试结果的获取和分析过程。

10）终止条件。明确测试用例正常终止和异常终止的条件。

11）通过准则。确定测试用例是否通过的标准。

12）设计人员。注明该测试用例的设计者。

5.1.9　测试文档要求

软件测试文档通常包括软件测试计划/大纲、软件测试说明、软件测试报告、软件测试记录和软件问题报告。测试文档的基本内容和要求见第 9 章。

可根据软件关键等级和规模等级对上述文档进行合理的取舍与合并，其要求见第 2 章。

5.1.10　测试结束条件

测试结束条件通常包括下列条款：

1）已按要求完成了测试合同或相关要求中规定的所有测试工作；

2）按照测试计划/大纲完成全部测试内容；

3）测试文档齐全，测试记录完整，测试中发现的软件问题均已得到有效处理，并通过了回归测试验证；

4）测试工作通过了总结评审。

5.1.11 管理要求

应加强对软件测试关键过程及质量的控制，控制手段包括但不限于测试计划大纲、报告的评审，以及测试执行过程中的随机抽查。当有多家测试机构参与测试时，可采用比对测量的方式进行质量控制。通常情况下，测试计划大纲、测试报告的评审应邀请合同甲方、研制单位、试用/使用单位、软件测评机构以及测评领域同行专家共同参与。软件测试组织还应加强软件测试数据、测试程序、测试工具、测试环境等的验证工作，确保测试质量得到有效控制。

5.1.12 测试剪裁

如果软件系统包含两个以上（含两个）软件配置项时，应分别开展配置项级和系统级测试。若系统中只包含一个软件配置项，或多个软件配置项无交互关系时，可只进行配置项级测试。

5.2 测试过程

5.2.1 测试需求分析与策划

5.2.1.1 输入

开展软件测试需求分析与策划活动的输入应包括：

1）软件测试合同或其他等效的文件；

2）软件开发文档，例如，软件研制合同、系统规格说明、系统设计说明，或总体设计方案、接口需求规格说明、接口设计说明、软件需求规格说明、软件设计说明、软件用户手册、数据库设计说明等；

3）软件更改及影响分析报告（必要时）；

4）软件源程序；

5）软件运行资源。

5.2.1.2 活动要求

软件测试需求分析与策划要求通常包括：

1）测试需求分析。根据输入信息，分析测试需求并确定以下内容：

a）确定测试级别。

b）确定测试充分性要求。根据被测软件的重要性、测试目标和约束条件，确定测试范围及范围所要求的覆盖程度。

c）确定测试需求。分析被测软件功能、性能、接口、数据结构、设计约束等，包含隐含需求。

d）根据测试需求确定测试类型及其测试项，并对测试项进行标识说明，明确测试方法、充分性要求、终止条件、优先顺序及追踪关系等要素。

e）分析并确定测试环境需求。

2）测试策划。根据测试需求分析结果策划测试活动，明确以下内容：

a）确定所需的测试资源，包括人员、设备、设施等。

b）确定测试策略、技术和方法，包括测试环境搭建策略、采用的标准或非标准测试方法以及测试数据生成和验证方法、测试数据注入方法、测试结果捕获方法及分析方法、使用的测试工具、动静态测试先后顺序等。

c）确定被测软件的评价准则和方法。

d）确定测试结束的条件。

e）综合考虑任务需求、资源状况、风险因素及测试充分性，制订测试进度计划。

f）分析测试过程中可能遇到的风险，并提出相应的应对措施，例如，技术风险、人员风险、资源风险和进度风险等。

g）评估测试相关的安全性和保密性需求，并制订应对策略。

h）确定需采集的度量指标及采集要求，通常包括测试需求、用例、缺陷等度量。

i）明确测试项目跟踪与控制、配置管理和质量保证等方面要求。

3）编写软件测试计划/大纲。

4）对该阶段的工作产品进行评审，评审要求参见第 4 章。

5）软件测试计划/大纲应纳入变更控制和版本管理。

5.2.1.3　工作产品

软件测试需求分析与策划阶段输出的主要产品为软件测试计划/大纲。

5.2.2　测试设计与实现

5.2.2.1　输入

开展软件测试设计与实现的输入应包括但不限于以下内容：

1）软件测试计划/大纲；

2）软件开发文档；

3）软件源程序、可执行文件及软件运行所依赖的数据（必要时）。

5.2.2.2　活动要求

软件测试设计与实现的要求通常包括：

1）为所有测试项或测试子项设计测试用例，并进行标识；

2）根据测试资源、风险等约束条件确定测试用例/典型实例的执行顺序；

3）针对测试输入要求，设计测试数据，并进行准备和验证；

4）准备测试所需的资源，例如，测试工具、搭建测试环境所需的软硬件资源，必要时，开发测试执行所需的程序和工具；

5）建立和校验测试环境，记录校核结果，并说明测试环境偏差对测试结果的影响；

6）编写软件测试说明，明确其与软件测试计划/大纲的追踪关系；

7）应对该阶段工作产品进行评审，评审要求参见第 4 章；

8）软件测试说明和测试程序应纳入变更控制和版本控制。

5.2.2.3 *工作产品*

软件测试设计与实现阶段输出的主要工作产品应包括：

1）软件测试说明；

2）软件测试数据；

3）自行开发的测试程序、软硬件工具。

5.2.3 测试执行

5.2.3.1 *输入*

开展软件测试执行活动时，其输入应至少包括：

1）经过评审且问题归零的软件测试计划/大纲、软件测试说明；

2）已建立并验证的测试环境、测试数据、测试工具等；

3）被测软件已纳入配置管理。

5.2.3.2 *活动要求*

软件测试执行的要求通常包括：

1）静态测试通常先于动态测试进行。

2）文档审查、代码审查和数据审查需严格按照审查单要求逐项进行，详细记录审查情况、问题及改进建议。

3）应按照软件测试说明的内容和要求执行测试用例，准确、具体地记录测试输入数据和测试结果。对于有量值要求的测试结果，需精确记录实际量值。

4）根据期望测试结果、实际测试结果和评估准则，对测试结果进行深入分析，并判定结果采取相应措施：

a）如果是被测软件的问题，则判定测试用例为不通过，将软件问题发生时的现象、执行步骤、测试环境条件等相关信息详细、准确地记录到软件问题报告中，并确定问题的类别和严重等级，软件问题更改后按照回归测试要求进行回归测试；

b）如果是测试用例、测试数据、执行测试步骤、测试环境等测试工作中的问题，应实施相应的变更，并将问题及变更情况记录下来，再重新执行测试用例；

c）对未达到测试终止条件的测试用例，决定是停止测试，还是需要修改或补充测试用例，并进一步测试；

d）当测试异常终止时，应记录导致终止的条件、未完成的测试或未被修正的问题及原因。

5）在执行测试的过程中，可根据测试的进展情况补充测试用例，变更软件测试说明，必要时变更软件测试计划/大纲。

6）当所有的测试用例执行完毕时，应对测试的充分性进行分析。如果发现测试工作不足，或测试未达到预期要求，可增加新的测试用例或测试数据，直至达到充分性要求。执行测试后，变更软件测试说明，必要时更改软件测试计划/大纲。

7）原始记录应有签署，并进行严格管理。

8）汇总测试中有异议的问题，组织问题确认评审。

5.2.3.3　工作产品

软件测试实施阶段输出的产品应包括：

1）测试结束数据；

2）软件测试记录；

3）软件问题报告。

5.2.4　测试总结

5.2.4.1　输入

开展软件测试总结的输入应包括：

1）软件测试合同或其他等效文件；

2）被测软件相关文档、代码和数据；

3）测试文档，包括软件测试计划/大纲、软件测试说明、软件测试记录、软件问题报告、软件回归测试方案（如有）。

5.2.4.2　活动要求

软件测试总结的要求通常涵盖以下方面：

1）分析和评价测试工作，具体包括：

a）总结软件测试计划/大纲和软件测试说明的变更情况及其原因；

b）分析测试工作完成情况，包括回归测试；

c）分析测试环境与软件实际运行环境之间的差异及其对测试结果的影响；

d）针对测试异常终止的情况，分析未能被测试活动充分覆盖的范围及其原因。

2）分析和评价被测软件，具体包括：

a）阐述被测软件对研制任务书等文档规定的软件功能、性能、接口及质量特性等要求的满足情况；

b）统计并分析发现的软件问题，对遗留软件问题说明不能解决的理由，评估其对软件和系统可能的影响，并尽可能推荐纠正方案；

c）分析软件设计与代码中可能存在的缺陷和风险；

d）根据测试结果评估被测软件，提出评估意见及改进建议。

3）分析测试数据与文档，积累测试资产，这通常包括：典型软件问题、典型测试用例、测试脚本以及管理数据（如生产率、工作量、进度等）。

4）编制软件测试报告。

5）应进行测试总结评审，评审要求参见第 4 章。

6）软件测试报告应接受变更控制和版本控制。

5.2.4.3 工作产品

软件测试总结阶段输出的核心产品为软件测试报告。

5.3 测试技术要求

5.3.1 单元测试

5.3.1.1 测试对象

单元测试的对象是具有输入输出功能、完成特定任务、可被调用使用的最小代码单元，如函数、模块、过程或子程序。

5.3.1.2 测试目的

测试目的是验证软件单元是否满足软件设计规定的功能、性能、接口和其他设计约束，发现单元内部潜在错误，确保代码质量。

5.3.1.3 进入条件

单元测试的进入条件包括：

1）软件单元代码无编译或汇编错误；

2）被测软件单元已纳入配置管理；

3）拥有与被测软件源代码版本相匹配的文档；

4）具备符合要求的测试环境及工具。

5.3.1.4 内容要求

具体要求如下：

1）单元测试应列表说明被测单元的清单，对单元测试对象的剪裁需说明理由，关键及重要单元不得剪裁。

2）单元测试的直接依据应是详细设计文档（软件设计说明中的详细设计部分），被测单元清单中应注明文档依据的索引。

3）单元测试应采用静态测试和动态白盒测试的方法。

4）通常，应在动态测试前进行静态测试，静态测试发现的问题修改后再进行动态测试。

5）在动态测试中，应设计测试用例逐项验证软件单元的功能、性能、接口等设计要求是否符合标准。

6）测试用例的输入应覆盖单元接口输入变量的有效值、无效值和边界值。

7）单元测试覆盖率要求如下：

a）所有单元的语句覆盖率和分支应达到 100%；

b）关键单元的 MC/DC 覆盖率应达到 100%；

c）A 级软件的核心关键模块应进行目标码测试，目标码覆盖率应达到 100%。

8）对于覆盖率未达到指标要求的单元，应说明原因，并通过代码走查或审查进行辅助验证。

5.3.1.5　测试环境

单元测试的要求如下：

1）应建立单元测试环境，并配备相应的软件单元测试工具；

2）单元测试环境可以是仿真环境、模拟环境或开发环境（推荐）；

3）单元测试环境应支持驱动模块和桩模块的编写与加载，并与测试用例一起进行有效管理。

5.3.2　配置项测试

5.3.2.1　测试对象

配置项测试的对象是软件配置项，即能够独立进行配置管理并满足最终用户完整需求的一组软件。

5.3.2.2　测试目的

配置项测试的目的是验证软件是否正确实现了软件需求规格说明所规定的功能、性能、接口等各项要求，确保软件实现与软件需求的一致性。

5.3.2.3　进入条件

配置项测试进入条件如下：

1）软件配置项已纳入软件配置管理；

2）软件配置项运行在真实或仿真环境下；

3）具备与被测软件源代码版本对应的文档。

5.3.2.4　内容要求

具体要求如下：

1）列表说明软件配置项的需求项，并注明每一需求项的文档依据索引。需求项应全面覆盖软件需求规格说明所规定的功能、性能、接口等要求。

2）应关注并挖掘软件文档中未明确提及但符合标准规范或行业规范的隐含需求项。

3）进行测试需求分析，列表说明软件配置项的测试项，并明确与需求项的对应关系。通常一个需求项应被若干个测试项所覆盖。

4）配置项测试应采用静态测试和动态测试方法。

5）应在动态测试前进行静态测试，并确保测试环境与开发环境的一致性和完整性，解决静态测试发现的问题后再进行动态测试。

6）建立动态测试环境，应分析并确认测试环境的有效性。

7）动态的测试类型选择要求：

a）至少应包括功能测试、性能测试、接口测试、边界测试。

b）对于关键重要软件，应增加测试类型：安全性测试、余量测试、强度测试。

c）测试类型的选择应结合软件特性，例如，具备人机交互界面的软件应进行界面测试，具有用户安装、卸载功能的软件应进行安装性测试，具有重置或恢复功能的软件应进行恢复性测试等。

8）动态测试的测试用例设计要求：

a）针对每个测试项设计测试用例，通常一个测试项应由多个测试用例覆盖。

b）测试项的特性应通过正常和异常测试用例进行全面覆盖。

c）测试用例的输入应涵盖有效值、无效值和边界值。

d）测试用例设计应遵循相关测试类型的技术规范。

e）测试用例间应保持一定差异性，若两测试用例仅在某参数同一等价类内变化，则视为同一测试用例的不同实例。

9）在测试用例执行过程中客观、准确、翔实地记录测试原始数据及结果，推荐使用数据采集设备或工具。记录要素包括：执行状态、实测结果、数据记录文件索引、通过与否、问题报告单索引、执行者及监督者姓名、执行日期等。

10）对于无法动态执行的测试用例，应说明原因，并通过代码走查等手段辅助验证。

11）静态测试中的代码走查，按动态测试的过程进行需求分析和用例设计与执行。

12）发现软件问题，修改后的软件应进行回归测试，以验证软件修改的正确性，并检查是否引入新问题。

5.3.2.5 测试环境

配置项测试环境要求如下：

1）可采用模拟仿真环境、开发环境、真实运行环境（推荐）；

2）应配备必要的软件测试工具、监测设备、数据分析软件等；

3）应保证配置项测试环境与真实运行环境的等效性。

5.3.3 迭代测试

5.3.3.1 测试对象

迭代测试的对象是迭代开发过程中的某个迭代版本，即能够满足部分需求的软件。

5.3.3.2 测试目的

迭代测试的目的是验证软件是否正确实现了合同甲方确认的部分功能、性能、接口等要求，确保软件实现与软件需求的一致性。

5.3.3.3 进入条件

迭代测试进入条件如下：

1）软件迭代版本已纳入软件配置管理；

2）软件运行在真实或仿真环境下；

3）具备与被测软件源代码版本对应的经合同甲方确认的一组需求。

5.3.3.4　内容要求

具体要求如下：

1）列表说明软件的需求项，需求项应涵盖经确认的一组功能、性能、接口等要求。

2）进行测试需求分析，列表说明测试项，并说明与需求项的对应关系。通常，一个需求项应由多个测试项覆盖。

3）在建立动态测试环境时，应分析并确认测试环境的有效性。

4）动态测试应包括功能测试、性能测试、接口测试等。

5）动态测试的测试用例设计要求如下：

a）针对每个测试项设计测试用例，通常，一个测试项应由多个测试用例来覆盖；

b）测试项的特性应通过正常和异常测试用例进行全面覆盖；

c）测试用例的输入应涵盖有效值、无效值和边界值；

d）测试用例的设计应遵循相关测试类型的技术规范；

e）测试用例间应保持一定的差异性，若两测试用例仅在某一参数的具体值（在同一等价类中）上有所不同，则它们应被视为同一个测试用例的不同实例。

6）在执行测试用例时，应客观、准确、翔实地记录测试原始数据及结果，推荐使用数据采集设备或工具。记录要素包括执行状态、实测结果、数据记录文件索引、通过与否、问题报告单索引、执行者及监督者姓名、执行日期等。

7）发现软件问题，修改的软件应进行回归测试，以验证软件修改的正确性，并检查是否引入新问题。回归测试也可在下一轮迭代测试时一并进行验证。

5.3.3.5　测试环境

迭代测试环境要求如下：

1）可采用模拟仿真环境、开发环境、真实运行环境（推荐）；

2）应配备必要的软件测试工具、监测设备、数据分析软件等。

5.3.4　系统测试

5.3.4.1　测试对象

系统测试的对象是完整集成的软硬件系统，应按子系统、分系统、全系统逐层开展。

5.3.4.2　测试目的

检验系统是否满足运行方案说明、系统/子系统规格说明所规定的任务能力、功能、性能、接口等各项要求。

5.3.4.3　进入条件

系统测试进入条件如下：

1）软件配置项已通过配置项测试；

2）软件配置项已纳入软件配置管理，所涉硬件技术状态受控；

3）具备系统测试要求的环境；

4）具备与被测软件源代码版本对应的文档。

5.3.4.4 内容要求

（1）基于需求的考核要求

1）列表说明系统的需求项，并指出每一需求项在文档中的索引。需求项应涵盖系统/子系统规格说明所规定的所有功能、性能、接口等要求。

2）注意挖掘系统文档中未明确提及但符合标准规范或行业规范的隐含需求。

3）进行测试需求分析，列表说明系统的测试项，并阐述它们与需求项的对应关系。通常，一个需求项应由多个测试项来覆盖。

4）应采用文档审查和动态测试的方法开展系统测试，通常采用的是动态黑盒测试方法。

5）应在动态测试前进行文档审查，审查内容涵盖系统的所有相关文档，例如通信协议、数据处理算法等，在文档审查问题得到有效处理后再进行动态测试。

6）建立系统测试环境，并验证其有效性。依据系统的特点及具体情况，测试环境可采用全数字仿真、半实物仿真、全实物实装环境等，确保能支持系统/子系统规格说明中描述的环境需求，支持测试用例的加载、执行、结果数据记录等。

7）动态测试的测试类型选择要求：

a）至少包括功能测试、性能测试、接口测试、边界测试、强度测试。

b）关键重要系统应增加安全性测试、余量测试等。其中，实装系统上开展的安全性测试，应在安全关键部件模拟器的辅助下进行。

c）测试类型应结合软件的特点进行选择，例如，具有人机交互界面的系统需进行界面测试，具有双机热备份或冷备份功能的系统进行恢复性测试，对可异步并发操作同一共享数据源的相关软件应进行互操作性测试等。

8）动态测试的测试用例设计要求：

a）针对每个测试项设计测试用例，确保测试项由多个测试用例覆盖。

b）测试项特性应被正常和异常测试用例进行全面覆盖。

c）测试用例的输入应涵盖有效值、无效值和边界值。

d）测试用例的设计应遵循相关测试类型的技术规范。

e）配置项之间及配置项与硬件之间的所有接口应进行测试用例设计。

（2）基于任务的考核要求

1）基于运行方案说明中的运行场景，将系统/子系统规格说明中的能力需求转化为业务需求，逐一验证系统业务运行能力。

2）依据系统运行剖面，从运行场景出发进行情景想定分析，设计系统运行想定。

3）将系统完成特定业务场景的过程视为一个测试用例，为每个测试用例建立基于监测数据的测试结果判别准则。

4）建立系统测试环境。依据系统的特点及具体情况，系统测试环境可采用半实物仿真、全实物实装环境等，系统测试环境应能支持运行方案说明中描述的运行场景，支持系统任务过程所需情景想定的配置，支持系统任务过程测试用例的加载、执行、过程数据采集等，评估测试环境对测试结果的影响，分析系统测试环境的局限性，确认系统测试环境的有效性。

5）强化测试充分性的量化指标考核。

6）验证与评价软件的可靠性、安全性、维护性等质量特性。

7）依据软件能力评估需求，采集系统运行过程中的相关数据，为能力评估提供支撑。

5.3.4.5　测试环境

系统测试环境要求如下：

1）推荐使用全实物实装环境。若选用全数字仿真环境或半实物仿真环境，需进行环境等效性分析，并经过相关方批准。

2）配备必要的软件测试工具、监测设备及数据分析软件等。

5.3.5　回归测试

5.3.5.1　测试对象

更改后的软件及其更改所影响的软件配置项、系统。

5.3.5.2　测试目的

对更改后的软件重新进行测试，以确保更改正确且更改未引入新的软件问题，即确认更改未影响软件原有的正确功能、性能和其他规定的要求。

5.3.5.3　进入条件

回归测试进入条件如下：

1）被测软件已纳入配置管理；

2）已具备软件开发文档、代码、数据、软件问题处理单（或软件更改及影响分析报告）等必要材料；

3）已具备相关的测试文档及资源；

4）已具备相应级别测试的进入条件。

5.3.5.4　内容要求

具体要求如下：

1）应统计软件修改的代码更改量，包括：

a）相同行。更改前后完全一致的代码行。

b）修改行。更改前后部分相同的代码行。

c）增加行。新增的代码行。

d）删除行。被删除的代码行。

e）更改行。修改行、增加行、删除行之和。

f）更改率。更改行/（更改行＋相同行）×100％。

2）当软件完成测试，后续再次发生变化，且更改率较大时，应视为全新软件重新进行测试。

3）应依据软件更改影响分析结果确定回归测试范围，选用或修改已有的测试用例，或新增测试用例，并对测试用例使用情况进行分类统计：

a）沿用测试用例。

b）修改测试用例，即测试用例的名称、标识未改，但内容略有修改。

c）新增测试用例。

4）应验证测试用例的执行覆盖了全部修改内容。

5）回归测试的技术要求应符合原测试级别的技术要求。

5.4 测试类型技术要求

5.4.1 文档类测试

文档审查是依据软件开发文档编写要求，对软件相关文档进行的审查。具体要求如下：

1）审查软件文档种类是否齐套；

2）审查软件文档内容是否完整；

3）审查软件文档描述是否准确；

4）审查软件文档格式是否规范；

5）审查软件文档是否保持一致性，即文文一致、文实相符；

6）编制并评审审查所用的文档检查单。为适应不同文档审查，需编制相应的文档检查单。

5.4.2 代码类测试

5.4.2.1 代码审查

代码审查是依据相关标准及软件文档，对软件程序代码进行的审查。具体要求如下：

1）以人工阅读方式对代码进行审查，可以借助工具辅助分析过程。

2）代码审查包含编程准则检查、代码流程审查、软件结构审查、需求实现审查四个类型，测试需求分析中应明确需要开展的审查类型。

3）编程准则检查：依据编程准则的要求，对程序的编码进行符合性检查。具体要求如下：

a）应依据编程语言的特点，确定检查标准并通过评审；

b）使用专业工具扫描出的警告信息应经过人工核实确认；

c）应对编程准则问题进行分类、统计和量化评价。

4）代码流程审查：审查程序代码的条件判别、控制流程、数据处理等是否满足设计要求。

5）软件结构审查：依据设计文档，审查程序代码的结构设计（包括程序结构设计和数据结构设计），以在程序设计层面发现问题。

6）需求实现审查：依据需求文档及其他相关资料，审查程序代码在需求层面的功能实现，明确所有变量物理含义及取值含义，依据数学模型、逻辑模型、时序模型、处理模型等和变量字典审查程序代码的处理流程，以发现需求实现的问题。

7）代码审查的软件单元应列表汇总，并针对软件单元说明开展的审查类型。

8）应根据软件的特点及审查内容，确定审查所用的代码审查单，并通过评审。

5.4.2.2 代码走查

代码走查是通过人脑模拟计算机执行逻辑，沿程序逻辑执行测试用例，以查找代码中可能存在的缺陷。代码走查的具体要求如下：

1）组成走查小组，集体阅读并讨论代码，共同扮演人脑计算机的角色进行走查；

2）针对需要走查的代码，设计具有代表性的测试用例，明确输入条件、走查步骤和执行结果；

3）代码走查应具有完整的走查记录，记录测试用例执行过程中每一步骤的走查结果。

5.4.2.3 静态分析

静态分析是借助专业工具对程序代码特性进行机械化和程序化的专项分析。分析的内容通常包括程序结构分析、数据结构分析、控制流分析、数据流分析、接口分析、表达式分析、语言使用分析、软件质量指标度量等。

静态分析应对程序代码的质量度量元进行统计与度量。具体要求如下：

1）质量度量元包括软件的代码行数、有效代码行数、注释行数、模块数、模块代码行数、模块圈复杂度、模块基本复杂度、模块扇入数、模块扇出数等。

2）通常指标要求如下：

a）软件总注释率不小于20%（注释行数/代码行数×100%）；

b）模块的平均规模不大于200行（模块代码行数之和/模块数）；

c）模块的平均圈复杂度不大于10（模块圈复杂度之和/模块数）；

d）模块的平均扇出数不大于7（模块扇出数之和/模块数）。

3）对于圈复杂度、规模行数、扇出数不满足指标要求的模块，应进行专项代码审查。

4）综合指标要求和其他度量结果，给出软件编码质量的评价。

5.4.2.4 逻辑测试

逻辑测试是测试程序代码逻辑结构设计的合理性和实现的正确性。逻辑测试利用程序代码内部的逻辑结构及相关信息设置监测点，设计或选择测试用例，在测试用例执行过程中记录监测点的状态，确定实际状态是否与预期状态一致。具体要求如下：

1）代码覆盖种类包括控制流覆盖、目标码覆盖、组合测试覆盖，应依据软件等级提出具体的覆盖要求；

2）关键代码宜在软件配置项真实运行的过程中统计其覆盖率。

5.4.3　数据类测试

5.4.3.1　数据审查

数据审查是依据相关文档对数据适用性进行的专项审查。具体要求如下：

1）审查装订参数、诸元参数、安装参数等软件依赖数据的完整性、有效性、格式规范性等；

2）对影响软件初始运行配置的数据，审查软件最大、最小、典型、默认配置下的数据的有效性；

3）对控制数据，应根据控制要求审查其精度、门限/阈值数据的合理性及在控制过程中的准确性等；

4）审查数据的不可更改性等安全保护措施。

5.4.3.2　数据处理测试

数据处理测试是对完成专门数据处理功能进行的测试。具体要求如下：

1）测试数据文件存取、数据库操作、数据采集、数据融合、数据转换、数据解析等专门数据处理功能；

2）测试剔除坏数据、数据滤波、数据容错等数据特殊处理功能；

3）测试数据读取/写入过程中的容错、保护、超时等机制；

4）测试大数据处理算法、模型的实现正确性。

5.4.4　功能类测试

5.4.4.1　功能测试

功能测试是对软件的功能需求逐项进行的测试，以验证其是否满足要求。具体要求如下：

1）分析软件功能，通过等价类、边界值、判定表、因果图、猜错法等确定软件功能的输入；

2）输入等价类应包括正常等价类和异常等价类；

3）输入边界值应包括合法边界值和非法边界值；

4）确定功能的输出及预期的输出结果和判定条件；

5）应用真实数据测试超负荷、饱和及其他最坏情况等极端条件；

6）验证功能控制流程、状态转换、模式切换等的正确性和合理性；

7）在系统测试中，结合任务剖面和业务流程进行测试；

8）建议采用组合测试法、蜕变测试法等提高关键功能的测试充分性。

5.4.4.2　边界测试

边界测试是对软件处在边界或端点情况下运行状态的测试。具体要求如下：

1）测试输入域或输出域的端点或边界点；

2）针对数据结构（如数组、字符串、堆栈等）进行端点或边界点测试；

3）针对状态的转换条件（如阈值判别、区间判别等）进行端点或边界点测试；

4）针对状态的出现概率（如设备状态、通信状态等）进行小概率极端情况的测试；

5）功能、性能、容量等涉及的极限情况均视为广义端点或边界点进行测试；

6）需要时，应考虑接近边界、超越边界、连续来回穿越边界等各种情况的测试。

5.4.4.3　恢复性测试

恢复性测试是对具备恢复或重置功能的软件，针对每一类可能引发恢复或重置的情况逐一进行的测试，以验证其恢复或重置功能的有效性。恢复性测试是要明确在克服软硬件故障后，系统能否正常地继续进行工作，且不对系统造成任何损害。具体要求如下：

1）应测试探测错误并通过容错恢复其正常工作的能力；

2）应测试软件通过自复位或备机切换措施恢复继续工作的能力；

3）应测试系统恢复后，依据记录数据恢复故障前运行作业、相关数据和系统状态等能力；

4）应测试恢复时间是否满足规定要求。

5.4.4.4　安装性测试

安装性测试是检验软件安装过程是否符合安装需求及安装规程的测试。具体要求如下：

1）应测试软件安装到应用系统中的操作过程，验证其正确性；

2）应验证安装过程与产品规格说明或用户手册中所说明的安装规程是否文实一致；

3）应测试软件卸载功能，测试卸载后系统中的软件痕迹是否彻底清除干净；

4）对适用于多种操作系统或多种系统配置的软件，应进行各种环境下的安装性测试；

5）系统级测试中，应对应用软件的部署与撤收进行测试，包括在线升级、数据迁移、系统配置等相关内容。

5.4.5　性能类测试

5.4.5.1　性能测试

性能测试是对软件的性能需求逐项进行的测试，以验证其性能是否满足要求。具体要求如下：

1）应进行数据精度的测试，如数值计算的精确度等；

2）应进行时间精度的测试，如执行时间、响应时间等；

3）应进行空间占用的测试，如软件运行所占用的内存空间等；

4）应进行处理能力的测试，如功能所处理的数据量等；

5）应进行数据传输吞吐量的测试；

6）应关注软件并发处理能力的测试；

7）在系统测试中，应关注软件和硬件性能的集成；

8）测试结果应提供具体的量化数值；

9）对于具有不确定性的数值：

a）应至少得到5组以上的实测值；

b）应给出最大值、最小值、平均值的统计结果；

c）对于波动性较大的测量值，应统计出实测值的方差。

5.4.5.2　余量测试

余量测试是检验软件是否满足需求规定余量的测试。具体要求如下：

1）针对时间约束要求，应测试实际执行时间相对于时间约束要求的余量；

2）针对空间约束要求，应测试实际占用空间相对于空间约束要求的余量；

3）针对处理约束要求，应测试软件具备的处理能力相对于处理约束要求的余量；

4）针对通信约束要求，应测试数据传输吞吐量相对于带宽的余量；

5）如无明确规定，最少应有20％以上的余量。

5.4.5.3　容量测试

容量测试是检验软件能力极限的测试。容量测试一般应测试软件在正常情况下所具备的最高能力。具体要求如下：

1）针对具有时间约束要求的功能，应测试出正常工作条件下实际执行时间的最值范围；

2）针对具有空间约束要求的功能，应测试出正常工作条件下实际占用空间的最值范围；

3）针对通信接口，应测试出正常工作条件下实际传输时间、传输数据量的最值范围；

4）针对软件的处理能力，如处理目标数等，应测试出正常工作条件下处理能力的上限和下限范围。

5.4.5.4　强度测试

强度测试是检验软件的外部可变性影响条件恶劣到何种程度将导致软件无法正常工作。具体要求如下：

1）应首先明确软件运行所依赖的外部可变性影响条件；

2）通过控制外部可变性影响条件的范围变化（例如处理的信息量越来越大、通信的数据量越来越大、监测报警数越来越多），测试出直到软件故障或条件已达极限时的范围极限值；

3）通过控制外部可变性影响条件的频度变化（例如越来越频繁的外部错误、越来越小的通信周期、越来越频繁的中断信号），测试出直至软件故障或条件已达极限时的频度极限条件；

4）对软件进行业务流程工作状态下的规定时间内的连续不中断运行测试（不要求一定运行至出现故障）；

5）当软件运行环境资源不能保证时，应在测试中逐步恶化运行环境条件，直至软件故障时，以确定极限运行环境条件；

6）对具备降级处理能力的软件，应对降级条件进行极限情况测试。

5.4.6　接口类测试

5.4.6.1　接口测试

接口测试是对软件的接口需求逐项进行的测试，以验证其接口是否满足要求。具体要求如下：

1）应测试接口的信息格式是否正确，如帧格式是否符合要求；

2）应测试接口的信息内容是否正确，如内容的解析是否正确；

3）应测试接口的时间特性是否满足要求，如传输时间、时序关系等；

4）应对外部干扰、丢帧、错帧、误码等异常模式进行容错性验证；

5）在配置项测试和系统测试中，应重点测试软件的所有外部接口；

6）在软硬件系统中，应特别关注软硬件接口，尤其是信号触发类的接口测试。

5.4.6.2　人机交互界面测试

人机交互界面测试是对所有人机交互界面提供的操作和显示界面进行的测试，以检验是否满足用户的要求。具体要求如下：

1）应依据用户手册或操作手册，逐条验证文实的一致性；

2）应测试界面显示的符合性、准确性、直观性等；

3）应测试操作输入的方便性、健壮性、提示性等；

4）应测试人机交互的友好性、导航性、适宜性等；

5）在软硬件系统中，作为软件输入的操作杆、旋钮、开关等均属于操作界面范畴，作为软件输出的警示灯、蜂鸣器等均属于显示界面范畴。

5.4.7　专项测试

5.4.7.1　安全性测试

安全性测试是检验软件功能安全性以及信息安全性是否满足要求。具体要求如下：

1）应逐一测试软件安全性需求中确定的与软件相关的所有故障模式，验证软件处理故障模式的安全性措施是否正确并有效。

2）应测试系统故障后的降级处理能力。

3）在软硬件系统中，应进行软硬混合故障模式的测试。

4）必须对软件的安全关键单元或部件进行安全性测试。

5）必须对涉及安全性措施的结构、算法、容错、冗余及中断处理等设计进行针对性的测试。

6）应对多点组合故障模式并结合各种最坏情况的组合进行测试。

7）应测试双工切换、多机替换等安全性的冗余设计措施。

8）应测试可能的异常事件，包括：

a）可能的硬件异常，如外设故障等；

b）可能的软件异常，如程序跑飞等；

c）可能的操作异常，如操作失误等；

d）可能的输入异常，如数据丢帧等；

e）可能的时序异常，如控制流程的时间顺序紊乱等。

9）应测试软件的信息保密与防护能力：

a）应测试软件使用的身份识别、权限保护能力；

b）应测试重要数据保护能力（如抗非法访问能力、加密传输能力等）；

c）应测试软件和系统被恶意篡改或被攻击的防护能力。

5.4.7.2　可靠性测试

可靠性测试是在真实的或仿真的环境中，以软件可靠性评估为目的，按照运行剖面和使用的概率分布进行的软件功能测试。具体要求如下：

1）测试环境应与典型使用环境的统计特性相一致，必要时使用测试平台；

2）应从用户视角出发进行情景想定分析，建立软件的使用剖面（任务剖面/业务剖面/运行剖面/操作剖面等）；

3）应定量度量软件使用程度，如使用剖面的概率分布、使用特征的覆盖率等；

4）必须保证输入覆盖，覆盖重要的输入变量值（所有被测输入值域的概率之和必须大于软件可靠性要求）、各种使用功能、相关输入变量可能组合以及不合法输入域等；

5）必须对可能导致软件运行方式改变的一些边界条件和环境条件进行针对性测试；

6）应监测软件出现的故障，并进行纠错性修改，修改后的软件继续进行后续测试；

7）应记录并统计软件的故障数据，依据故障数据对软件可靠性指标进行量化评估。

5.4.7.3　兼容性测试

兼容性测试是检验软件不同版本之间、不同软件之间、不同软硬件环境之间兼容程度。具体要求如下：

1）当新版本软件替代旧版本软件时，应进行向下兼容性测试；

2）当多个软件版本可以同时使用时，应进行相互兼容性测试；

3）当两个软件可在同一硬件环境中替换使用时，应进行交错兼容性测试；

4）当软件可能在不同的硬件设备中使用时，应进行适配兼容性测试；

5）当软件可能在不同的软件环境中使用时，应进行环境兼容性测试；

6）针对替代国外软件的国产化软件，应进行交错兼容性测试。

5.4.7.4　互操作性测试

互操作性测试是检验不同软件对同一功能或同一数据操作处理的协调性和一致性。具体要求如下：

1）对同一功能通过配置可在不同软件中实现的相关软件，应验证各种配置下功能的正确性；

2）对因软件降级而将部分功能移交给其他软件执行的相关软件，应验证功能移交的正确性；

3）对可异步并发操作同一共享数据源的相关软件，应验证对数据源操作的相容性和一致性；

4）当同一功能（如指令条件判别、控制指令下达等）被不同软件（装备）同时进行操作时，应验证操作处理的协调性和一致性。

5.5　问题类别和级别

5.5.1　问题类别

软件测试过程中发现的问题可分为：

1）需求问题。用户需求、系统需求或软件需求问题。

2）设计问题。涵盖系统设计或软件设计层面的问题。

3）文档问题。主要指文档描述上的不足或错误。

4）编码问题。与代码实现相关的问题。

5）数据问题。涉及数据规格及内容方面的问题。

6）其他问题。上述类别之外的问题。

5.5.2　问题级别

软件问题分为重大、严重和一般三个等级：

1）重大问题。软件问题导致程序无法继续运行、丧失主要功能或造成重大损失的，视为重大问题，包括但不限于：

a）系统死机、崩溃或异常退出。

b）主要功能未实现或实现错误。

c）导致人员、装备、环境等重大损失。

d）重要数据丢失且很难恢复。

2）严重问题。软件问题对主要功能性能有较大影响或造成严重损失的，视为严重问题，例如：

a）软件需求未完整或未正确实现，对主要功能性能等有较大影响。

b）导致人员、装备、环境等严重损失。

c）重要数据丢失但能以某种方式恢复。

d）软件文档对主要功能、性能描述缺失或错误。

3）一般问题。软件问题对软件功能性能有较小影响或造成一般损失的，视为一般问题，例如：

a）软件需求没有完整或没有正确实现，对软件主要功能性能影响较小，或对一般功能性能造成影响。

b）软件操作与软件使用说明不符。

c）软件文档存在准确性、一致性、错别字等影响较小的问题。

测试过程中发现的其他不方便使用或对软件功能有轻微影响的问题，可提出改进建议。

注：在实际应用中，可根据被测件的实际情况定义软件问题的类别和级别，但应在测试计划/大纲中明确说明。

5.6 测试相关表格模板

5.6.1 测试用例模板

<table>
<tr><td colspan="2">测试用例名称</td><td colspan="3"></td><td>标识</td><td></td></tr>
<tr><td colspan="2">追踪关系</td><td colspan="5"></td></tr>
<tr><td colspan="2">测试用例综述</td><td colspan="5"></td></tr>
<tr><td colspan="2">用例初始化</td><td colspan="5"></td></tr>
<tr><td colspan="2">前提和约束</td><td colspan="5"></td></tr>
<tr><td colspan="2">设计方法</td><td colspan="5"></td></tr>
<tr><td colspan="7">测试步骤</td></tr>
<tr><td>序号</td><td colspan="3">输入及操作</td><td colspan="3">期望结果与评估标准</td></tr>
<tr><td></td><td colspan="3"></td><td colspan="3"></td></tr>
<tr><td></td><td colspan="3"></td><td colspan="3"></td></tr>
<tr><td></td><td colspan="3"></td><td colspan="3"></td></tr>
<tr><td></td><td colspan="3"></td><td colspan="3"></td></tr>
<tr><td></td><td colspan="3"></td><td colspan="3"></td></tr>
<tr><td></td><td colspan="3"></td><td colspan="3"></td></tr>
<tr><td colspan="3">测试用例终止条件</td><td colspan="4"></td></tr>
<tr><td colspan="3">测试用例通过准则</td><td colspan="4"></td></tr>
<tr><td colspan="3">设计人员</td><td colspan="4"></td></tr>
</table>

5.6.2　测试记录模板

<table>
<tr><td colspan="2">测试用例名称</td><td></td><td>标　识</td><td></td></tr>
<tr><td colspan="2">追踪关系</td><td colspan="3"></td></tr>
<tr><td colspan="2">测试用例综述</td><td colspan="3"></td></tr>
<tr><td colspan="2">用例初始化</td><td colspan="3"></td></tr>
<tr><td colspan="2">前提和约束</td><td colspan="3"></td></tr>
<tr><td colspan="2">设计方法</td><td colspan="3"></td></tr>
<tr><td colspan="5">测试步骤</td></tr>
<tr><td>序号</td><td>输入及操作</td><td colspan="2">期望结果与评估标准</td><td>实测结果</td></tr>
<tr><td></td><td></td><td colspan="2"></td><td></td></tr>
<tr><td></td><td></td><td colspan="2"></td><td></td></tr>
<tr><td></td><td></td><td colspan="2"></td><td></td></tr>
<tr><td></td><td></td><td colspan="2"></td><td></td></tr>
<tr><td></td><td></td><td colspan="2"></td><td></td></tr>
<tr><td></td><td></td><td colspan="2"></td><td></td></tr>
<tr><td colspan="2">测试用例终止条件</td><td colspan="3"></td></tr>
<tr><td colspan="2">测试用例通过准则</td><td colspan="3"></td></tr>
<tr><td colspan="2">执行状态</td><td></td><td>执行结果</td><td></td></tr>
<tr><td colspan="2">问题报告单标识</td><td colspan="3"></td></tr>
<tr><td colspan="2">测试人员</td><td colspan="3"></td></tr>
<tr><td colspan="2">测试时间</td><td colspan="3"></td></tr>
<tr><td colspan="2">未执行原因</td><td colspan="3"></td></tr>
</table>

5.6.3 问题报告单模板

<table>
<tr><td colspan="2">软件名称</td><td colspan="2">××软件</td><td colspan="3">软件标识/版本</td><td colspan="7">××/V×.×.×.×</td></tr>
<tr><td colspan="2">问题名称</td><td colspan="2">××</td><td colspan="3">问题标识</td><td colspan="7">××</td></tr>
<tr><td colspan="2">问题追踪</td><td colspan="12">TC-××-00×(对应的测试用例标识)</td></tr>
<tr><td rowspan="2">问题性质</td><td>类别</td><td colspan="2">□需求问题</td><td colspan="2">□设计问题</td><td colspan="2">□文档问题</td><td colspan="2">□编码问题</td><td colspan="2">□数据问题</td><td colspan="2">□其他问题</td></tr>
<tr><td>级别</td><td colspan="3">□重大问题</td><td colspan="3">□严重问题</td><td colspan="3">□一般问题</td><td colspan="3">□建议改进</td></tr>
<tr><td colspan="2" rowspan="2">问题描述</td><td colspan="12"></td></tr>
<tr><td colspan="3">测试人员</td><td colspan="3">××</td><td colspan="3">日期</td><td colspan="3">202×××××</td></tr>
<tr><td colspan="2" rowspan="4">研制方处理意见</td><td colspan="12">原因分析:</td></tr>
<tr><td colspan="12">影响域分析:
影响××功能的××处理,对其他功能无影响</td></tr>
<tr><td colspan="12">改正措施:
修改程序(简要描述修改位置、修改内容与方法)
修改文档(描述文档名称、简要描述修改位置、内容)</td></tr>
<tr><td colspan="3">开发人员</td><td colspan="3">××</td><td colspan="3">日期</td><td colspan="3">202×××××</td></tr>
<tr><td colspan="2" rowspan="2">回归验证结果</td><td colspan="12">修改正确,对××版本软件××功能进行回归测试(简要描述用例操作和结果),结果正确</td></tr>
<tr><td colspan="3">测试人员</td><td colspan="3">××</td><td colspan="3">日期</td><td colspan="3">202×××××</td></tr>
<tr><td colspan="2" rowspan="3">会签</td><td colspan="3">研制单位</td><td colspan="3"></td><td colspan="3"></td><td colspan="3"></td></tr>
<tr><td colspan="3">测评单位</td><td colspan="3"></td><td colspan="3"></td><td colspan="3"></td></tr>
<tr><td colspan="3">研制总体</td><td colspan="3"></td><td colspan="3"></td><td colspan="3"></td></tr>
</table>

第6章　软件配置管理

软件配置管理能够对软件产品和软件开发过程中的配置项进行有效识别、记录、控制和审查，从而确保软件开发过程的追溯性、透明度和可控性。软件配置管理可以解决版本不一致、资源冲突等问题，帮助开发人员更好地管理软件的变更与演进。同时，它还可以提供软件产品的历史记录和演化历程，为软件维护和更新提供支持。此外，软件配置管理还能够提高软件开发团队的协作效率，确保软件项目按时保质完成。

本章说明了软件配置管理的目的、基本要求、配置管理组织、基线划分、配置标识、版本标识、配置控制等配置管理过程。

6.1　配置管理总体要求

6.1.1　配置管理的目的

配置管理的目的是利用配置标识、配置控制、配置审核等手段，建立并维护工作产品的完整性（包括完备性、正确性、一致性和可追踪性）。软件配置管理活动贯穿于软件项目的生命周期。

6.1.2　基本要求

在软件生命周期内产生的所有管理文档和技术文档、源代码列表、可执行代码以及运行所需的各种数据，均应纳入软件配置管理。

研制单位需在软件研制过程中制定本单位的软件配置管理规程，成立配置管理组织，建立配置管理库，并利用软件配置管理工具实施出入库控制、更改控制和配置审核。

6.2　详细要求

6.2.1　配置管理组织

软件研制单位应构建相应的配置管理组织，包括配置控制委员会和配置管理组，以确保软件研制项目的配置管理活动得到有效且恰当的控制。

6.2.2　纳入配置管理的配置管理项

需纳入配置管理的配置管理项至少应包括合同或其他技术要求中规定的所有需交付产品，以及与该交付产品相关的其他需受控的工作产品。

6.2.3 基线划分

研制单位应根据本单位承担软件项目的研制进度要求、软件关键等级、规模大小等，确定所需基线及基线到达的具体时机、基线所包含的软件配置管理项以及基线发布前应进行的审核和批准要求。

软件配置管理的基线通常至少包括功能基线、分配基线和产品基线，也可根据实际情况进一步细化。

6.2.4 配置标识

软件配置管理项包括文档、源代码、可执行程序和数据。

6.2.4.1 文档标识

软件文档标识规则可采用以下格式：

系统标识/分系统标识/子系统标识/软件标识/文档类型/序号/版本

其中：

1）系统名、子系统名、配置项名的表示方式及长度由研制单位确定。在保证唯一、便于识别的情况下，可用分系统、子系统、软件名称拼音的首字母合集等方式进行标识。

2）文档类型为2～4个字母（英文缩写），见表6-1。

3）版本号见6.2.5节要求。

表6-1 文档类型

序号	文档类型	文档名称	序号	文档类型	文档名称
1	SSS	系统规格说明	13	SUM	软件用户手册
2	SSDD	系统设计说明	14	DBDD	数据库设计说明
3	SDTD	软件研制任务书	15	FSM	固件保障手册
4	SDP	软件开发计划	16	SPS	软件产品规格说明
5	SQAP	软件质量保证计划	17	VDD	软件版本说明
6	SRS	软件需求规格说明	18	STTS	软件测评总体方案
7	IRD	软件接口需求规格说明	19	* STP	软件测试计划(大纲)
8	IDD	软件接口设计说明	20	* STD	软件测试说明
9	SSD	软件概要设计说明	21	* STR	软件测试报告
10	SPD	软件详细设计说明	22	* SPR	软件测试问题报告
11	SDD	软件设计说明	23	* STL	软件测试记录
12	SDSR	软件研制总结报告	24	SAD	科学算法文档

注："*"代表测试级别或类型，分别为：U—单元测试；C—配置项测试；CI—配置项集成测试；SI—子系统/分系统/系统集成测试；SUB/SSUB/S—分系统/子系统/系统测试；P—性能试验测试；O—出所测试；(P)A—(预)验收测试。

示例：单元软件测试计划的文档类型标识为USTP，配置项软件测试报告的文档类型标识为CSTR，子系统软件测试报告的文档类型标识为SSUBSTR。

6.2.4.2　程序标识

可执行程序及源码标识命名规则，基本规则与软件文档类似：

系统标识/分系统标识/子系统标识/软件或插件标识/类型/版本

其中：

1）系统标识、分系统标识、子系统标识、软件或插件标识的定义同 6.2.4.1 节；

2）类型有两种：CODE，代表源代码；PRO，代表可执行程序；

3）版本定义见 6.2.5 节。

每个源程序进入配置管理时，应在其文件前部建立一个“程序首部”。在程序首部至少应给出以下信息：

1）标识符：该程序的标识符；

2）名字：该源程序的名称；

3）作用：简述该源程序的作用；

4）语言：该源程序所用的编程语言；

5）作者：该源程序的编写者；

6）完成日：该源程序的完成日期；

7）修改：上次修改该源程序的人员姓名、日期及其原因。

6.2.4.3　数据标识

软件项目开发和使用过程中用到的各种基准参数值、系统数据等均应作为软件配置管理项进行标识。这些数据具体包括：

1）软件项目型号任务的基准数据；

2）有关的天文、地球模型参数；

3）软件项目所涉及的其他系统、子系统的设置值；

4）软件项目的外部接口数据等。

6.2.5　版本标识

版本标识依据版本的命名规则确定，软件版本标识格式为 Va.b.c.d。版本位号 a、b、c、d 取值范围均为非负整数，新研软件的 a、b、c、d 初始值均为 0，完成变更后，相应的版本位号递增 1，其后的版本位号重置为 0。

6.2.5.1　研制过程中的版本标识

1）位号 a 变更：完成验收评审后，初始化为 1。

2）位号 b 变更：提交软件验收测试时初始化为新版本。

3）位号 c 变更：

a）研制单位完成内部软件测试、内部评审后；

b）开展重大联试前，经合同甲方确认；

c）迭代开发过程中，完成迭代测试后。

4）位号 d 变更：由研制单位在编码过程中控制使用。

说明：每次变更前一位时，后续位均重置为 0。

6.2.5.2 验收交付后的升级改进版本标识

软件验收并交付使用后，若进行升级改进，版本标识更动要求如下：

1）涉及勘误性质改进、人机交互优化的，测试通过并经合同甲方确认后，更新版本标识第 4 位；

2）涉及一般功能升级、小幅增量开发，以及模型、算法、数据等补充开发或者成果应用的，测试通过并经合同甲方确认后，更新版本标识第 3 位；

3）涉及主要功能升级、大幅增量开发的，测试通过并经合同甲方确认后，更新版本标识第 2 位；

4）涉及软件整体功能升级、核心指标改进、技术换代的，按照程序重新组织研制，更新版本标识第 1 位。

说明：涉及模型参数调整、数据集更新完善的，不变更软件版本标识。

6.2.6 配置控制

6.2.6.1 入库/出库控制

1）受控的软件配置管理项应存入受控库。

2）仅当满足要求需作为产品交付使用时，软件配置管理项应从受控库转入产品库。

3）软件配置管理项入库前，需经软件配置管理员检查，确认合格后才可入库，不合格者被拒绝入库：

a）检查申请入库的配置管理项实体是否与申请入库表单中描述一致。

b）对文档还需验证其审批手续是否完备。

c）对程序还需验证是否有相应的测试报告。

4）研制单位应依据软件项目的情况对进入受控库的软件成分实施安全控制，并为被允许存取这些软件成分的人员分别赋予相应的权限（例如，对指定的软件配置管理项的读、写、删、执行、修改等操作的权限）。

5）安全控制：

a）介质鉴别——建议入/出受控库的介质最好是专用的、带有防伪标志的。本库的管理工具应具备对此类介质的鉴别功能。

b）病毒检测——每次欲入库的介质均应先进行病毒检测。若发现病毒，应拒绝接收或消除病毒后再接收。

c）应制定配置管理项访问权限，以控制不同权限的人员对受控库的访问。

d）配置管理工具应支持访问权限的验证。

e）应为配置管理项的每一次出库/入库建立日志，日志应明确记录操作人、操作时间、操作对象及具体操作内容。

6）存储控制：

a）以磁介质保存的软件配置管理项应以主本、副本双份形式保存在不同的地方，并定期（如每半年一次）进行检查和复制。

b）为防止意外事故导致软件配置管理项的毁坏或丢失，应定期进行备份（增值备份或完整备份），并在适当时机进行归档。归档的副本应脱机保存在安全的地方。

c）通常应保留保存基线的受控库和软件环境。

6.2.6.2　更动控制

在软件生命周期中，对已进入受控库或产品库的任一软件配置管理项（程序、文档、数据等）的任何更动，都应进行更动影响分析，并按照更动审批权限进行审批。涉及需求和使用要求的变更时，需经管理部门、合同甲方或使用单位确认；并应按要求对变更后的配置管理项进行版本控制。

6.2.6.3　基线建立

按照项目已确定的基线，在满足以下条件时，应建立并发布基线：

1）基线所含配置管理项均已入库、经过评审且评审问题已全部关闭；

2）已实施配置审核，且配置审核发现的问题已全部关闭；

3）基线发布申请已得到适当审批。

基线的发布信息应通知相关人员。已发布的基线发生更改时，应重新发布基线。

6.2.6.4　配置审核

在项目的生命周期中，应在基线生成、发布、产品交付前，或者按照管理部门的要求进行配置审核，以确保软件配置管理项的状态满足完备性、一致性、有效性和可追踪性。

第 7 章　软件验收、移交和保障

软件验收、移交和保障能够确保软件产品高质量、高效率地交付到用户手中，并持续稳定运行，满足用户的实际需求。

验收是软件开发过程中的重要环节，通过全面的测试验证，确保软件的功能、性能、安全性等方面均符合用户的需求和预期，为后续的移交和保障工作奠定基础。

移交则是将软件产品及相关文档、资料等完整地交付给用户，确保用户能够顺利接手并运行软件，同时明确双方的责任和义务，为软件的后续维护和支持提供有力保障。

保障则涵盖了软件运行过程中的技术支持、故障处理、版本更新等方面，确保软件能够持续稳定运行，满足用户不断变化的需求，从而提升用户满意度和软件的竞争力。

本章说明了软件验收、移交、保障的一般要求和详细要求以及相关表单格式。

7.1　一般要求

7.1.1　软件验收

软件在研制完成后、交付使用之前，需按照规定的验收过程进行验收。

7.1.1.1　软件验收负责单位

软件验收过程由合同甲方负责组织实施，软件研制单位按照要求配合完成软件验收工作。

7.1.1.2　软件验收前提

提交验收的软件需满足以下条件：

1）安全性关键等级为 A、B 级或有明确要求需进行软件测评的，已通过第三方测评；

2）已通过第三方测评或合同甲方组织的测试；

3）软件质量跟踪或专项检查中发现的软件问题均已整改完毕；

4）软件研制合同或相关技术要求中规定的各类文档齐全，并按合同要求通过评审；

5）软件已纳入配置管理并得到有效控制；

6）满足合同或技术要求规定的其他验收条件。

7.1.1.3　软件验收依据

软件验收的依据是合同、有关技术要求及适用的标准。

7.1.1.4　软件验收过程

软件验收应按照相关规定，履行正式手续，遵守以下工作步骤：

1）提出软件验收申请；

2）制订软件验收计划；

3）成立软件验收委员会；

4）进行软件验收测试和验收审查；

5）进行软件验收评审；

6）形成软件验收报告；

7）验收未通过的处理。

7.1.2　软件移交

软件验收通过后，研制单位应按验收评审意见，做好后续工作，并在得到验收委员会或其指定人员认可后，按合同和技术要求将软件移交给合同甲方。合同甲方应按合同要求做好接收工作。

7.1.3　软件保障

在软件移交完成后，研制单位应按合同或技术要求的规定，继续提供软件运行期间的支持服务，而合同甲方应负责执行其他必要的软件保障措施。

7.2　详细要求

7.2.1　验收申请

研制单位应向合同甲方提交正式的软件验收申请表（见 7.3.1 节），概要说明申请验收的软件满足 7.1.1.2 节所要求条件的情况。软件验收申请表应由研制单位的技术负责人签字。

软件验收申请表的核心内容涵盖软件系统/分系统名称、软件研制任务来源（对应合同号）、软件研制单位、包含的软件配置项名称及版本、软件的主要功能与性能、软件研制情况、研制过程中评审情况、软件测试情况、配置管理情况、满足研制要求情况及其他双方商定的验收条件满足情况等。

合同甲方在收到软件验收申请表后，对研制单位提交的被验收软件进行初步审查，确认其是否满足 7.1.1.2 节的基本要求，对于符合验收条件的申请，合同甲方应予以批准，并通知研制单位；对于不符合验收条件的申请，应退回研制单位，并明确说明原因。

7.2.2　验收计划

验收计划由合同甲方负责组织制订，并与研制单位协商达成一致。

验收计划通常应包含验收目的、验收内容、技术条件、验收方法、进度安排、人员构成、验收准则、验收记录等要素。

7.2.3 验收组织

7.2.3.1 组织机构人员组成

合同甲方负责组建专门的软件验收委员会，作为软件验收的组织机构。委员会一般由七人（或更多，确保为单数）组成，设主任一名，委员若干名。

验收委员会由合同甲方代表，邀请的专家，研制单位、配套研制单位代表等组成。

7.2.3.2 验收委员会的任务及权限

（1）验收委员会的任务

验收委员会主持整个软件验收工作，包括但不限于以下任务：

1）判定所验收的软件是否符合合同或其他技术要求的规定；

2）审定验收环境，确保软件验收环境与实际运行环境一致（验收环境依据合同或其他技术文件规定，或由双方协商确定，并由验收委员会审定）；

3）组织验收测试和验收审查，开展软件验收评审，并形成软件验收报告。

（2）验收委员会的权限

1）有权要求双方对软件开发过程中的有关问题做出说明；

2）有权决定软件是否通过验收。

7.2.3.3 验收地点和条件

软件验收地点需符合验收计划中的规定，并提供验收计划中所要求的验收环境。

7.2.3.4 验收记录

验收工作的全过程需详细记录，包括验收测试的结果、验收委员会在验收过程中提出的所有问题与建议、软件研制单位的解答以及验收委员会对被验收软件的评价。

7.2.4 验收测试和验收审查

7.2.4.1 基本要求

1）验收测试和验收审查是验收评审前需完成的两项主要工作，由软件验收委员会主持。

2）验收委员会应根据软件验收依据和软件验收计划制订验收测试计划和验收审查计划。若未开展第三方系统级测评，验收测试计划参照第 5 章中关于系统测试的规定制订；若已开展第三方系统级测评，验收测试可采信软件已有的测试结果，也可视情况增加新的测试用例或抽测部分用例。验收审查计划需涵盖审查目的、审查范围、审查对象、审查内容、审查准则、审查方法、人员分工和进度安排等。

3）在完成验收测试后，应对系统进行评估，并形成能力评估报告。同时，还需完成验收审查，检查软件和文档的一致性、文档间的一致性、交付产品与合同等要求的一致性及符合相关标准的情况等。

7.2.4.2　验收测试、专项评估和验收审查步骤

1）制订验收测试和审查计划，做好测试和审查准备；

2）进行验收测试、能力评估和验收审查，建立完整的验收测试和验收审查记录；

3）编写验收测试报告、能力评估报告和验收审查报告。

7.2.4.3　验收测试内容

验收测试应考虑以下各方面：

1）逐项测试合同、技术要求中规定的所有功能特性；

2）逐项测试合同、技术要求中规定的所有性能要求，如精度、时间、适应性、余量等；

3）检查测试或技术要求中提出的其他质量要求；

4）双方商定的其他测试。

7.2.4.4　能力评估的内容

在验收测试后，应对系统进行能力评估，形成综合评估报告。能力评估的具体方法见第 10 章的内容。

7.2.4.5　验收审查内容

验收审查包括检查文档的完整性、软件和文档的一致性、文档间的一致性、交付的软件与合同等要求的一致性等情况。需按照合同要求审查提交的文档是否齐全，文档在评审中发现的问题是否都完成了闭环，文档的版本是否是最终的技术状态并与实际情况一致。文档的编写是否满足合同约定的标准规范要求。

7.2.5　验收评审

7.2.5.1　评审会

在完成验收测试和验收审查的基础上，召开评审会，进行综合评价，形成验收意见。

7.2.5.2　评审通过准则

1）系统在验收测试中未发现影响其功能或性能的问题，并顺利通过了验收测试；

2）能力评估结果显示，未发现任何影响系统使用要求的问题；

3）系统已成功通过了验收审查；

4）系统满足验收计划中规定的其他验收准则。

7.2.5.3　评审结论

在综合评价验收测试和审查结果的基础上，根据评审通过准则，给出评审结论：

1）通过，或整改后通过：若不存在待整改问题，或虽存在待整改问题但与 7.2.5.2 节中的准则不矛盾，待整改问题得到解决并经验证后，即可通过验收。

2）不通过：存在不可接受的问题。

7.2.6 验收报告

在软件验收评审后，应填写软件验收报告，详尽地记录验收的各项内容、评价与验收评审结论，验收委员会全体成员需在验收报告上签字。验收委员会主任在软件验收报告上签署意见。软件验收报告模板见 7.3.2 节。

7.2.7 验收未通过的处理

软件研制单位需根据验收评审意见尽快修正有关问题，重新进行验收。

7.2.8 移交

软件研制单位应按验收委员会评审意见，对软件进行必要的完善工作，并经验证后，方可进行软件移交。

软件研制单位提出软件移交清单，逐项核实并移交给合同甲方，移交结束后形成软件移交文件，即签署完整的移交清单，该文件应包括以下内容：

1）移交软件项的名称、代号、版本号、装载媒体和数量等的说明；

2）交接的时间，地点；

3）移交人、接收人签名；

4）移交、接收单位负责人签名，并盖单位公章。

软件移交的遗留事项由双方协商处理，并签署双方认可的软件移交备忘录。软件移交清单模板详见 7.3.3 节。

7.2.9 保障

7.2.9.1 软件研制单位的责任

1）软件研制单位应在合同或技术要求规定的保障环境下完成软件的安装与检查；

2）软件研制单位提供的代码应支持在合同或技术要求规定的保障环境下进行重新生成与维护；

3）软件研制单位应按合同或技术要求向合同甲方提供确保软件正常运行所需的培训和其他服务；

4）软件研制单位应按合同或技术要求协助用户解决软件使用过程中遇到的技术问题。

7.2.9.2 合同甲方责任

1）建立适当的使用组织，配设合适的人员，明确各种人员的职责；

2）组织各种必要的培训，使有关人员具备必要的知识和技能；

3）为软件的正常运行和维护提供必需的环境和资源；

4）建立合理有效的软件使用规程、管理办法，特别是配置管理办法和问题报告办法；

5）记录并收集软件使用中的有关数据，特别是失效数据。

7.3　验收、移交相关表单格式

7.3.1　验收申请表

系统/分系统名称：　　　　合同号：
合同甲方：　　　　软件研制单位：

包含的软件配置项名称、标识及版本号清单：

序号	配置项名称	配置项标识	版本

软件主要功能与性能描述：

文档清单：

序号	文档名称	文档标识	版本

评审问题总体情况：

软件测试问题情况及闭环情况：

其他验收条件的满足情况：

软件研制单位申请意见：
技术负责人签名：
（单位公章）
联系人：　　　　通信地址：
电　话：　　　　邮政编码：

合同甲方意见：
负责人签名：
（单位公章）
联系人：　　　　通信地址：
电　话：　　　　邮政编码：

7.3.2 验收报告

<table>
<tr><td>系统/分系统名称：
合同甲方：</td><td>合同号：
软件研制单位：</td></tr>
<tr><td colspan="2">软件验收测试意见：</td></tr>
<tr><td colspan="2">软件验收审查意见：</td></tr>
<tr><td colspan="2">验收意见：

验收委员会主任签名：　　　　年　　月　　日</td></tr>
<tr><td colspan="2">验收委员会名单及签字</td></tr>
</table>

姓　名	职务或职称	工作单位	签　字

7.3.3　移交清单

系统/分系统名称： 合同甲方：			合同号： 软件研制单位：			
序号	产品项名称*	标识号	版本号	载体	数量**	备注

移交单位：

移交人：　　　　　　　　　　　移交单位负责人签名：

（单位公章）

接收单位：

接收人：　　　　　　　　　　　接收单位负责人签名：

（单位公章）

交接日期：　　　年　　　月　　　日

交接地点：

注：* 产品项指验收软件的组成项，如程序、需求规格说明等，表格按实际数量增减。

** 如果载体是磁介质，指件数；如果是纸介质文档，指页数。

第8章　软件维护

软件维护能够保障软件的持续稳定运行，满足用户日益变化的需求，并显著提升软件的整体质量和可靠性。通过维护，软件中的错误和缺陷可以被及时发现并修复，从而优化软件性能、增添新的功能，并提升用户体验。同时，软件维护还能确保软件与新硬件、操作系统等环境的兼容性，延长软件的使用寿命，并有效降低长期的维护成本。此外，软件维护还是保障软件安全性的关键手段，能够迅速应对新兴的安全威胁，保护用户数据和隐私，对软件的长期发展及用户满意度均具有重要意义。

本章说明了软件维护的一般要求、详细要求以及软件维护表单格式。

8.1　一般要求

8.1.1　维护类型

根据维护原因，可以将软件维护分为纠错性维护、适应性维护、完善性维护和预防性维护。

一般情况下，纠错性维护应在验证确认后尽快部署，适应性、完善性和预防性维护可在一定时机部署。

8.1.1.1　纠错性维护

纠错性维护旨在纠正开发阶段产生而在测试和验收过程没有被发现的错误，其主要内容包括：

1）需求错误；

2）设计错误；

3）编码错误；

4）文档错误。

8.1.1.2　适应性维护

适应性维护是指为适应软件运行环境的变化而进行的更动，这些变化主要包括：

1）影响系统的规则或规律发生变动；

2）硬件配置发生变化，例如机型、终端、外部设备的更新等；

3）数据格式或文件结构的调整；

4）软件支持环境的变化，如操作系统、编译器或实用程序的更新等。

8.1.1.3　完善性维护

完善性维护是指为扩充功能或提升性能而进行的更动，方式有插入、删除、扩充和增强等，主要包括：

1）为扩充和增强功能而进行的更动，例如算法优化等；

2）为改善性能而进行的更动，如提高运行速度、节省存储空间等；

3）为便于维护或使用而进行的更动，如人机交互优化，为了改进易读性而增加一些注释等。

8.1.1.4　预防性维护

预防性维护是指在问题发生之前，为防止问题发生所进行的更动，主要包括：

1）在吸取其他软件经验教训的基础上或对其他发生过的问题进行“举一反三”后，为预防问题的发生而对软件进行的更动，如增加软件防“跑飞”措施等；

2）为改进软件的可维护性或可靠性，或为了给未来的改进奠定更好的基础而对软件进行的更动，从而产生了新版本。

8.1.2　维护级别

根据软件维护变化程度的不同，软件维护可分为以下三类级别：

1）第Ⅰ类：涉及勘误性质改进及人机交互优化的；

2）第Ⅱ类：涉及一般功能升级或者小幅增量开发，以及模型、算法、数据等的补充开发或者成果应用的；

3）第Ⅲ类：涉及主要功能升级或者大幅增量开发的。

8.1.3　维护人员职责

软件合同甲方，负责软件维护工作的组织管理。

在进行软件维护工作时，通常由软件使用部门提出维护需求，合同甲方分析维护需求、确定维护类型和等级、制订维护总体技术方案，研制单位制订并实施维护计划，完成软件维护，合同甲方组织软件维护的验收。

8.1.4　迁移和退役

软件在使用维护期，还有软件迁移和软件退役两项活动。软件迁移是指一个系统或软件（包括数据）从一个旧的运行环境迁移到一个新的运行环境的过程。软件退役是指一个系统或软件（包括数据）从使用状态向停止使用状态转换的过程，即软件的部分或全部功能被新系统代替或升级系统安装。

8.2　详细要求

8.2.1　软件的更动维护

软件维护过程分为以下六步，即：

1）提出软件维护需求。

2）拟制维护方案。分析维护需求和维护更动带来的影响，确定软件维护的类型，拟制维护总体技术方案。

3）实施维护。研制单位制订软件维护计划，实施软件维护。

4）软件测试。开展维护后的软件测试。

5）验收。

6）软件更换。

8.2.1.1 提出软件维护需求

软件使用单位结合软件使用情况，收集运行过程中出现的故障或者不满足使用需求的情况，形成维护需求。

1）软件维护需求一般以软件维护申请单形式提交，并经提出单位审核确认后生效。

2）软件维护申请表通常包涵以下信息：

a）提出维护需求的单位名称、联系人及联系方式。

b）软件的名称、版本、运行软硬件环境、所属系统、安装部署（含配置、数量）情况。

c）维护类型建议。

d）对软件维护需求的具体说明。

ⅰ）针对纠错性维护，需描述软件运行时出现的问题状况及其复现步骤；

ⅱ）针对适应性维护，需阐述软件当前及未来运行所依赖的软硬件环境、数据或条件的变化；

ⅲ）针对完善性维护，需概述软件的主要功能、性能、使用方式等，并指出维护后新增或改进的功能、性能、使用方式；

ⅳ）针对预防性维护，需指出软件可能存在的潜在缺陷，涉及功能、性能、安全性、可靠性等方面。

e）针对纠错性维护，需提供软件输入输出数据的清单，并详细描述错误信息。

f）对维护影响域的初步分析（必要时）。

g）维护需求提出的时间，期望完成维护的时间，以及软件更换的具体范围。

h）其他需补充说明的信息。

软件维护申请单的参考模板见 8.3.1 节。

8.2.1.2 分析确认维护需求

合同甲方依据使用单位明确的维护要求，组织软件维护相关方共同确认软件维护需求，明确维护的范围及等级，并形成确认意见。确认过程中主要考虑以下因素：

1）软件当前版本的功能、性能、易用性、安全性、可靠性、可移植性等特性，以及使用单位的满意度及面临的困难，维护的影响范围，维护后软件版本在功能、性能、易用性、安全性、可靠性、可移植性等方面的提升，维护的技术难度、可行性、工作量及预计维护时长。

2）针对纠错性维护，还需特别考虑问题定位的准确性（即是否确实为软件问题）、问题严重性等级、重现性、产生机理及维护执行的可行性等。

合同甲方会同研制单位组建软件维护小组，并下达维护工作要求，形成软件维护通知单。维护通知单参考模板见8.3.2节。

8.2.1.3　实施软件维护

（1）维护实施计划制订

研制单位根据软件维护方案，制订软件维护计划。软件维护计划的制订可参考“软件开发计划”，并可将维护的配置管理计划、质量保证计划、测试计划等一并纳入维护计划中。主要内容包括：

1）软件维护任务的范围；

2）维护级别；

3）主要诊断、分析、设计、改正、编码、测试、更换工作；

4）配置管理；

5）质量保证；

6）所需资源；

7）维护支持条件；

8）维护进度安排；

9）维护更动中的风险分析等。

合同甲方负责检查软件维护申请的所有要求是否得到满足以及更动结果与系统的其他部分或其他用户是否发生冲突等，并督促研制单位，以确保计划得以完成。

（2）分析、设计与实现、测试

软件维护工作与新软件开发工作相似，包括维护影响域分析，根据需要更改软件需求规格说明、设计说明等技术文档，更改源程序，测试，编制软件维护总结报告。纠错性维护还需要首先诊断并定位软件缺陷。详细过程如下：

1）诊断并定位软件缺陷（针对纠错性维护）。

应确定引入缺陷的开发环节（如需求分析、设计、编码、灌装生产或安装部署），找出缺陷可能存在的位置，并分析缺陷引发软件问题的机理。

2）维护影响域分析。

通过分析软件更改可能影响的对象范围以及软件的功能、性能、接口、易用性、安全性、可维护性等，确定影响域，并据此做出维护决策。针对第Ⅲ类维护，应独立编制影响分析报告（如为纠错性维护，需包含缺陷分析内容），其他等级的维护可根据实际情况决定是否独立编制，或纳入维护工作总结报告。

3）设计与实现测试。

a）根据维护影响域分析的决策，对待维护对象进行再分析、再设计、编码和测试，同步修改工程化文档，形成阶段记录，并按照第6章的规定对文档和软件的版本进行标识。

b）对软件维护应开展必要的测试，并编制相应的测试文档。对于涉及第Ⅲ类更改的

A、B级软件维护，还应进行第三方的配置项和系统级回归测试。

c）维护工作结束后，研制单位应编写维护工作总结报告和软件文档修改清单。

软件完成维护后应形成维护记录，参考模板见8.3.3节。

8.2.1.4 验收

软件经过更动产生新版本后，应参照第7章的规定进行维护验收。

8.2.1.5 软件更换

通过验收并交付的维护后软件，由合同甲方确定更换范围。

合同甲方会同研制单位组织开展软件更换、培训工作。软件更换后，应对新版软件的功能、性能、接口、人机交互界面、安全性、用户使用手册等，以及与其他软硬件的交链、适配情况进行检查；同时，对原版软件的程序、文档、数据以及载体进行保存或销毁。

8.2.2 迁移

如果一个系统或软件（包括数据）从一个旧的运行环境迁移到一个新的运行环境，应制订迁移计划并实施。

8.2.3 退役

应制订退役计划并实施，撤消运行和维护组织的支持，并将其形成文档。

8.3 维护表单格式

8.3.1 维护申请单

软件维护申请单格式见表8－1。

表8－1 软件维护申请单

<table>
<tr><td colspan="2">申请单位</td><td></td><td>申请人</td><td></td><td>申请日期</td><td></td></tr>
<tr><td colspan="2">联系方式</td><td></td><td>软件名称
及代号</td><td></td><td>软件版本</td><td></td></tr>
<tr><td colspan="2">软件运行环境</td><td></td><td>软件所属系统</td><td></td><td>软件(系统)
部署情况</td><td></td></tr>
<tr><td rowspan="4">维护
需求
描述</td><td>概要描述</td><td colspan="5"></td></tr>
<tr><td>维护时效
程度</td><td colspan="2">□常规 □紧急</td><td>维护时序</td><td colspan="2">□优先 □中间 □靠后</td></tr>
<tr><td>维护类型
建议</td><td colspan="5">□纠错 □适应 □完善 □预防</td></tr>
<tr><td colspan="6">详细描述(针对纠错性维护,应详细描述输入、输出及错误信息等;针对其他类别的维护,可按照维护分类的内涵针对性描述需求申请的对应要素;可配图、表等)</td></tr>
</table>

续表

维护影响域 初步分析	（软件更换范围）
希望维护完成时间	
申请单位意见	审核人：　　　　　日期：
备注	

8.3.2　维护通知单

软件维护通知单格式见表 8－2。

表 8－2　软件维护通知单

<table>
<tr><td colspan="2">通知单标识号</td><td></td><td>通知日期</td><td></td><td>经手人</td><td></td></tr>
<tr><td colspan="2">联系方式</td><td></td><td>软件名称
及代号</td><td></td><td>软件版本</td><td></td></tr>
<tr><td colspan="2">软件重要性等级</td><td colspan="2">□A □B □C □D</td><td>维护级别</td><td colspan="2">□Ⅰ类□Ⅱ类□Ⅲ类</td></tr>
<tr><td colspan="2">维护完成时间</td><td colspan="5"></td></tr>
<tr><td rowspan="3">维护
需求
项目</td><td>序号</td><td>需求项概述</td><td>对应附件编号</td><td>维护类型</td><td>优先级</td><td>备注</td></tr>
<tr><td></td><td></td><td>此通知单应配有独立的、带有编号(以通知单标识号为基础进行扩展)的附件，以说明具体需求(包括详细描述和有关联系人信息等)，附件格式可自行定义</td><td>可以涵盖四种类型</td><td></td><td></td></tr>
<tr><td></td><td></td><td></td><td></td><td></td><td></td></tr>
<tr><td>合同
甲方
意见</td><td colspan="6">审核人：　　　　　日期：</td></tr>
<tr><td rowspan="2">研制单位
联系方式</td><td>单位名称</td><td colspan="5"></td></tr>
<tr><td>联系人</td><td></td><td>联系电话</td><td></td><td>传真</td><td></td></tr>
<tr><td>备注</td><td colspan="6"></td></tr>
</table>

8.3.3　维护记录单

适用于纠错性维护的软件维护记录单格式见表 8－3。

表 8－3　软件维护记录单（适用于纠错性维护）

<table>
<tr><td>记录单标识</td><td colspan="2"></td><td>维护
开始日期</td><td></td><td>维护
结束日期</td><td></td></tr>
<tr><td>软件名称
及代号</td><td colspan="2"></td><td>原版本号</td><td></td><td>新版本号</td><td></td></tr>
<tr><td rowspan="2">研制单位</td><td>单位名称</td><td colspan="5"></td></tr>
<tr><td>联系人</td><td colspan="2"></td><td>联系电话</td><td colspan="2"></td></tr>
<tr><td rowspan="4">问题描述</td><td>问题概述</td><td colspan="5"></td></tr>
<tr><td>通知单
标识号</td><td></td><td>通知单
附件编号</td><td></td><td>是否重现</td><td></td></tr>
<tr><td>问题程度</td><td colspan="5">□重大　□严重　□一般</td></tr>
<tr><td colspan="6">问题详细描述</td></tr>
<tr><td rowspan="2">分析原因</td><td>缺陷</td><td colspan="5">□系统设计有误　□系统安装有误　□硬件相关故障
□系统软件故障　□外购应用软件故障
□软件需求有误　□软件设计有误　□软件编码有误
□软件生产有误　□用户手册有误
□原因不明　□其他</td></tr>
<tr><td>非缺陷</td><td colspan="5">□未按规定操作　□参数或数据不匹配
□机器配置不足或有误　□其他</td></tr>
<tr><td>影响域分析</td><td colspan="6"></td></tr>
<tr><td>处理方式</td><td colspan="6"></td></tr>
<tr><td>处理结果</td><td colspan="6">维护人：　　　日期：</td></tr>
<tr><td>内部验证</td><td colspan="6">内部验证负责人：　　　日期：</td></tr>
</table>

适用于适应性维护、完善性维护、预防性维护的软件维护记录单见表 8－4。

表 8－4　软件维护记录单（适用于适应性维护、完善性维护、预防性维护）

<table>
<tr><td colspan="2">记录单标识</td><td></td><td>开始日期</td><td></td><td>结束日期</td><td></td></tr>
<tr><td colspan="2">软件名称
及代号</td><td></td><td>原版本号</td><td></td><td>新版本号</td><td></td></tr>
<tr><td rowspan="2">研制
单位</td><td>单位名称</td><td colspan="5"></td></tr>
<tr><td>联系人</td><td colspan="2"></td><td>联系电话</td><td colspan="2"></td></tr>
<tr><td rowspan="4">需求
描述</td><td>需求概述</td><td colspan="5"></td></tr>
<tr><td>通知单标识号</td><td colspan="2"></td><td>通知单附件编号</td><td colspan="2"></td></tr>
<tr><td>需求类型</td><td colspan="5">□纠错　□适应　□完善　□预防</td></tr>
<tr><td colspan="6">需求详细描述</td></tr>
<tr><td colspan="2">影响域
分析</td><td colspan="5"></td></tr>
<tr><td colspan="2">处理方式</td><td colspan="5"></td></tr>
<tr><td colspan="2">解决结果</td><td colspan="5">维护人：　日期：</td></tr>
<tr><td colspan="2">内部验证</td><td colspan="5">内部验证负责人：　日期：</td></tr>
<tr><td colspan="2">备注</td><td colspan="5"></td></tr>
</table>

第 9 章　软件文档编制

为了保证软件开发、使用和维护等环节的有效管理，并促进软件开发人员与用户之间的交流，软件开发过程中需编写不同的文档，这些文档编写贯穿于软件开发整个生命周期。文档编写不仅是软件开发项目成功的基础，还在软件开发活动中占据重要地位，涉及大量工作。高质量的软件文档对软件开发活动的意义尤为重大。

软件文档是软件的重要组成部分，在软件管理人员、开发人员、维护人员和用户之间发挥着重要的桥梁作用。同时，软件文档使无形的软件变得可视化、可控化，具体作用如下：

1）项目管理的依据。软件文档展示了软件开发进度和项目的预期目标。同时，使项目管理人员能够确定项目的既定目标是否实现，并据此安排后续工作计划。

2）技术交流语言。软件开发活动包括系统分析与设计、软件需求分析、软件设计和测试等，大型工程项目通常将这些活动分配给不同的人员完成。此时，各阶段产生的文档便成为各类人员沟通交流的媒介。

3）项目质量的保证。软件文档是保证软件项目质量的重要手段，也是进行质量审查和评价的依据。软件测试需要按照需求、设计文档进行，是评估软件功能、性能等是否实现的评判标准。

4）培训资料。软件文档为运行、维护人员提供软件信息，帮助他们掌握软件的功能、性能及操作要求等。

5）维护的技术支持。软件文档为维护人员提供必要的软件维护信息。

6）组织资产。软件文档是组织的重要资产，记录了软件开发过程中的全部信息，便于组织积累资产，不断提高组织的软件开发能力。

本章说明了软件文档的一般要求、文档编制详细要求、文档封面格式要求等。为软件项目的文档管理和规范化编写提供了明确的指导方针。

9.1　文档的一般要求

9.1.1　文档种类

根据软件工程过程的要求，在软件开发过程中，依据软件关键等级和软件规模等级的不同，有选择地产生下列文档，选择原则详见第 2 章。

软件开发计划	文档 01
系统/子系统规格说明	文档 02
软件系统/子系统设计说明	文档 03

续表

软件需求规格说明	文档 04
软件接口需求规格说明	文档 05
软件接口设计说明	文档 06
软件概要设计说明	文档 07
软件详细设计说明	文档 08
数据库设计说明	文档 09
软件测试计划	文档 10
软件测试大纲	文档 11
软件测试说明	文档 12
软件测试记录	文档 13
软件测试报告	文档 14
软件问题报告	文档 15
软件产品规格说明	文档 16
软件版本说明	文档 17
软件用户手册	文档 18
软件研制总结报告	文档 19

9.1.2　文档的一些说明

表示形式：为使各文档章节的信息更加清晰可读，可采用图、表、矩阵或其他形式的表示方式进行说明。

页码编制：文档的目录使用以 i 开始的小写罗马数字编号，文档正文使用阿拉伯数字顺序编号；若一个文档分为若干卷，则每一卷应重新开始按顺序编号。

文档控制号：文档控制号包括文档类型和版本号。

可选项：将字母 X 和 Y 作为一系列说明的标识符。如 3.2.×表示以下结构：

3.2.1

3.2.2

……

标题中如有括号，则表示括号中的内容是可替换部分。

9.1.3　文档结构

软件文档统一由封面、修改页、目录、正文、注释和附录组成。

9.1.4　封面格式

9.3.1 节提供了封面的格式，软件承制方可将各单位自行规定的封面作为软件文档的第二个封面与此封面一起装订。

9.1.5 修改页

记录软件或文档自上一版本以来所有的修改情况。具体要求见 9.3.2 节。

9.1.6 目录编写要求

目录的内容包括章节和附录的编号、标题及其所在页的页码。标题与页码之间用符号“……”连接。目录应另编页码，不与正文部分和附录部分的页码连接。

9.1.7 正文编写要求

见 9.2 节文档编制详细要求。文档正文除对规定的内容进行合理取舍外，在特别需要时，可以在有关章、节后加入“其他说明”，并按顺序编章节号。

9.1.8 注释编写要求

本节应包括能帮助了解该文档的各种信息（例如背景信息、词汇表）。

9.1.9 附录编写要求

附录提供使文档内容更加完整而单独列出的信息（例如图、分类数据等）。每个附录都应在文档的正文中被引用。为方便，这些附录也可单独装订。这些附录应按字母顺序 A、B 等分类，并且每个附录中的小节编号均须加上附录字母（例如附录 A 的 A1、A2 等）。每个附录中的页也可单独编页码。

9.2 文档编制详细要求

9.2.1 软件开发计划

9.2.1.1 编写目录

1 范围
1.1 标识
1.2 系统概述
1.3 文档概述
1.4 与其他计划的关系
2 引用文件
3 策划背景概述
4 软件开发活动的总体实施计划

4.1 软件开发过程
4.2 软件开发总体计划
4.2.1 软件开发方法
4.2.2 软件产品标准
4.2.3 可重用的软件产品
4.2.3.1 采用可重用软件产品
4.2.3.2 开发可重用软件产品
4.2.4 关键需求的处理
4.2.5 计算机硬件资源的利用
4.2.6 决策理由的记录
4.2.7 需方评审所需访问
5 详细的软件开发活动实施计划
5.1 项目策划和监控
5.2 软件开发环境建立
5.3 系统需求分析
5.4 系统设计
5.5 软件需求分析
5.6 软件设计
5.7 软件实现和单元测试
5.8 单元集成和测试
5.9 CSCI 合格性测试
5.10 CSCI/HWCI 集成和测试
5.11 系统合格性测试
5.12 软件使用准备
5.13 软件移交准备
5.14 软件验收支持
5.15 软件配置管理
5.16 软件产品评价
5.17 软件质量保证
5.18 纠正措施
5.19 联合评审
5.20 风险管理
5.21 测量和分析
5.22 保密性
5.23 分承制方管理

5.24 与软件独立验证和确认（IV&V）机构的联系
5.25 与相关开发方的协调
5.26 项目过程的改进
5.27 未提及的其他活动
6 进度表和活动网络图
7 项目组织和资源
7.1 项目组织
7.2 项目资源
8 注释

9.2.1.2 编写指南

1 范围
1.1 标识
写明本文档：
1）已批准的标识号；
2）标题；
3）适用的软件系统和/或 CSCI。
1.2 系统概述
本节应概述本文档适用的系统和软件的主要用途；描述系统和软件的一般特性（如规模、安全性、可靠性、实时性、技术风险等特性）；概述系统开发、运行和维护的历史；标识项目的需方、用户、开发方和保障机构等；标识当前和计划的运行现场；列出其他有关文档。
1.3 文档概述
概述本文档的用途和内容。
1.4 与其他计划的关系
概述本计划与项目其他计划的关系。
2 引用文件
按文档号、标题、编写单位（或作者）和出版日期等，列出本文档引用的所有文件。
3 策划背景概述
本章根据需要可分为若干节，应对后续章节描述的策划提供背景信息，适用时包括以下方面的概述：
a）待开发系统和软件的要求和约束；
b）项目文档的要求和约束；
c）项目在系统生命周期中所处的位置（如阶段）；

d）所选定项目（或系统）获取策略或有关的要求或约束；

e）项目进度安排及资源方面的要求与约束；

f）其他要求和约束，例如项目的保密性、方法、标准、硬件和软件开发的相互依赖关系等。

4 软件开发活动的总体实施计划

如果项目的不同构建版或不同软件要求不同的策划，就应在下述相应节中注明这些区别。除下面规定的内容外，每节还应标识可能的风险/不确定性和它们的处理计划。

4.1 软件开发过程

本节应描述所采用的软件开发过程及软件生命周期模型的定义和选择。计划的内容应覆盖合同中涉及该方面要求的所有条款，包括已确定的构建版本，必要时还应包括各构建版的目标以及相应的软件开发活动。

4.2 软件开发总体计划

4.2.1 软件开发方法

本节应描述或引用所使用的软件开发方法，包括支持这些方法的手工和自动工具以及规程。该方法应满足合同中涉及该方面要求的所有条款。若方法涉及的活动在本文档其他部分有更详细的描述，则可直接引用。

4.2.2 软件产品标准

本节应描述或引用在需求表达、设计、编码、测试用例、测试过程和测试结果方面要遵循的标准。这些标准应涵盖合同中涉及该方面要求的所有条款。若这些标准在本文档所涉及的活动中有更详细的描述，则可直接引用。

对于所使用的每一种编程语言，应给出编码标准，至少应包括以下方面：

a）缩进、间距等信息格式要求；

b）头部注释要求；

c）变量、参数、包、文件等命名约定；

d）适用时，考虑代码模块的复杂度、所使用编程语言在编程方面的限制（如 C 语言安全子集）等。

4.2.3 可重用的软件产品

4.2.3.1 采用可重用软件产品

本节应阐述识别、评估和采用可重用软件产品的方法，包括搜寻这些产品的范围和评估的准则，并涵盖合同中涉及该方面要求的所有条款。在制订或更新计划时，应对已选定的或候选的可重用的软件产品进行标识和说明，适用时还需指出其使用上的优缺点和限制。

4.2.3.2 开发可重用软件产品

本节应描述开发可重用软件产品的可能性及所遵循的方法，并涵盖合同中相关要求的所有条款。

4.2.4 关键需求的处理

本节可分为若干节，分别阐述安全性、保密性和其他关键需求（如可靠性、保障性、测试性、维护性等）的保证方法，并涵盖合同中相关要求的所有条款。

4.2.5 计算机硬件资源的利用

本节应描述分配和监控计算机硬件资源使用的方法，并覆盖合同中相关要求的所有条款。

4.2.6 决策理由的记录

本节应阐述记录决策理由的方法。在保障机构对项目做出关键决策时，这些理由至关重要。在记录理由的地方应对“关键决策”进行解释，并涵盖合同中相关要求的所有条款。

4.2.7 需方评审所需访问

本节应描述为评审软件产品和活动，允许需方或授权代表访问开发方和分承制方设施的方法，并涵盖合同中相关要求的所有条款。

5 详细的软件开发活动实施计划

如果项目的不同构建版或不同软件需要不同的计划，则应在相应节中说明这些差异。每项活动的描述应包含以下方面的方法/规程/工具的应用途径：

a）涉及的分析性任务或其他技术性任务；

b）结果的记录；

c）适用时与交付有关的准备。

该描述还应标识（适用时）存在的风险和不确定因素，以及处理它们的计划。本章中的各节都应涵盖合同中涉及的该方面要求的所有条款。

5.1 项目策划和监控

本节应阐述软件开发策划、CSCI 测试策划、系统测试策划、软件安装策划、软件移交策划计划的制订和修订的途径。策划（包括重新策划）工作宜基于估计，包括规模、工作量、关键计算机资源等。本节还包括进度导出方法等。

5.2 软件开发环境建立

本节应描述建立、控制、维护软件开发环境的方法，包括软件工程环境（含软件测试环境）、软件开发库、软件开发文件和非交付软件。

5.3 系统需求分析

本节应描述参与用户要求分析、运行方案和系统需求所遵循的途径。

5.4 系统设计

本节应描述参与系统级设计决策、系统体系结构设计所遵循的途径。

5.5 软件需求分析

本节应描述软件需求分析所遵循的途径。

5.6 软件设计

本节应描述 CSCI 级设计决策、CSCI 体系结构设计和 CSCI 详细设计所遵循的途径。

5.7 软件实现和单元测试

本节应描述软件实现的过程、单元测试的准备工作、单元测试的执行步骤、修改和回归测试流程，以及分析和记录单元测试结果所遵循的途径。

5.8 单元集成和测试

本节应描述单元集成与测试的准备、单元集成与测试的执行流程、修改与回归测试的方法，以及分析和记录单元集成与测试结果所遵循的途径。

5.9 CSCI 合格性测试

本节应说明 CSCI 合格性测试的标准、在目标计算机系统上的测试安排、测试准备工作、预演流程、测试执行步骤、修改与回归测试要求，以及分析和记录 CSCI 合格性测试结果所遵循的途径。

5.10 CSCI/HWCI 集成和测试

本节应描述参与 CSCI/HWCI 集成和测试的准备事项、执行流程、修改和回归测试要求，以及分析与记录 CSCI/HWCI 集成和测试结果所遵循的途径。

5.11 系统合格性测试

本节应描述在系统合格性测试中保持独立性的重要性、在目标计算机系统上进行测试的要求、测试准备工作、预演流程、测试执行步骤、修改和回归测试流程以及分析和记录系统合格性测试结果所遵循的途径。

5.12 软件使用准备

本节应描述可执行软件的准备流程、用户现场版本说明的准备、用户手册的编制以及在用户现场安装所遵循的途径。

5.13 软件移交准备

本节应描述可执行软件和源文件的准备、为保障现场准备版本说明、已构建的 CSCI 设计和相关信息的整理、系统或子系统设计说明的更新、保障手册的编制，以及移交到指定保障现场所遵循的途径。

5.14 软件验收支持

本节应描述支持需方进行软件验收测试和评审的流程、软件产品的交付流程，以及提供培训和支持所遵循的途径。

5.15 软件配置管理

本节应描述软件配置管理所遵循的途径。

5.16 软件产品评价

本节应描述过程中的和最终的软件产品的评价、软件产品评价记录（包括所记录的具体条目）、软件产品评价的独立性所遵循的途径。

5.17 软件质量保证

本节应描述软件质量保证评价、记录及独立性所遵循的途径。

5.18 纠正措施

本节应从问题报告/更改报告以及纠正措施系统两方面来描述纠正措施所遵循的途径。其中，问题报告/更改报告应包括要记录的具体条目。

5.19 联合评审

本节应分别描述联合技术评审和联合管理评审所遵循的途径，并描述所建议的评审。

5.20 风险管理

本节应描述风险管理所遵循的途径，对识别出的风险应给出相应的对策。

5.21 测量和分析

本节应描述软件测量和分析所遵循的途径及使用的测度。

5.22 保密性

本节应描述保密性活动所遵循的途径。

5.23 分承制方管理

本节应描述分承制方管理所遵循的途径。

5.24 与软件独立验证和确认（IV&V）机构的联系

本节应描述与软件独立验证和确认（IV&V）机构联系所遵循的途径。

5.25 与相关开发方的协调

本节应描述与相关开发方协调所遵循的途径。

5.26 项目过程的改进

本节应描述项目过程改进所遵循的途径。

5.27 未提及的其他活动

本节应描述以上节中未提及活动所遵循的途径。

6 进度表和活动网络图

本章应给出：

a）进度表。该表应标识每个构建版的活动，并给出每个活动的开始时间、草稿和最终交付产品就绪的时间、其他里程碑及每个活动的完成时间。

b）活动网络图。该图应描述活动之间的顺序关系和依赖关系，标识对项目施加最大时间限制的活动。

7 项目组织和资源

7.1 项目组织

本节应描述本项目要采用的组织结构，包括涉及的组织机构、机构之间的关系、每个机构执行所需活动的权限和职责。

7.2 项目资源

本节应描述适用于本项目的资源，包括：

1）人力资源，应包括：

a）此项目投入的人力估计（人时数）；

b）按职责（如管理、软件工程、软件测试、软件配置、软件产品评价、软件质量保证等）所投入人力的分解结构；

c）履行每个职责人员的技术能力、地理位置和涉密程度的分解结构。

2）为适应合同中的工作，开发人员工作的地理位置、要使用的设施、保密区域等概况。

3）合同中工作需要的且由需方提供的设备、软件、服务、文档、数据及设施，并给出何时需要上述各项的进度表。

4）其他所需的资源，包括获得资源的计划、需要的日期、每个资源项的可用性（就绪的时间）。

8 注释

本章应包括有助于了解文档的所有信息（例如背景、术语、缩略语或公式）。

9.2.2　系统/子系统规格说明

9.2.2.1　编写目录

1 范围

1.1 标识

1.2 系统概述

1.3 文档概述

2 引用文档

3 需求

3.1 要求的状态和方式

3.2 系统能力需求

3.2.×（系统能力）

3.3 系统外部接口需求

3.3.1 接口标识和接口图

3.3.×（接口的项目唯一的标识符）

3.4 系统内部接口需求

3.5 系统内部数据需求

3.6 适应性需求

3.7 保密性需求

3.8 安全性需求

3.9 系统环境适应性需求
3.10 其他质量特性需求
3.11 计算机资源需求
3.11.1 计算机硬件需求
3.11.2 计算机硬件资源利用需求
3.11.3 计算机软件需求
3.11.4 计算机通信需求
3.12 设计和构造的约束
3.13 人员相关需求
3.14 训练相关需求
3.15 综合保障需求
3.16 包装需求
3.17 其他需求
3.18 需求的优先顺序和关键性
4 合格性规定
5 需求可追踪性
6 注释

9.2.2.2　编写指南

1 范围

1.1 标识

本节应包含本文档适用的系统的完整标识，适用时，包括其标识号、名称、缩略名、版本号和发布号。

1.2 系统概述

本节应概述本文档所适用的系统的用途。它还应描述系统的一般特性（如规模、安全性、可靠性、实时性、技术风险等特性）；概述系统开发、运行和维护的历史；标识项目的需方、用户、开发方和保障机构等；标识当前和计划的运行现场；列出其他有关文档。

编写示例：

1.2 系统概述

1）系统的用途和作用：

供配电分系统是卫星上产生、存储、变换、调节和分配电能的重要分系统，它确保了卫星系统的正常供电和运行。供配电分系统安全可靠地将电源系统产生的电能通过电缆网分配、传输到卫星上各用电设备进行电源转换，以满足用电设备的供电要求，对各用电设备的配电进行控制。在用电设备故障的情况下进行电路保护，提供过载保护和电源故障隔离功能。

2）系统功能和组成：

供配电分系统由太阳翼、蓄电池组、火工品母线、电源控制器、配电管理器和均衡管理器组成，如下图所示。其主要完成卫星供电、配电和火工品控制，具体功能如下：

a）电能分配：将卫星电源系统产生的电能进行分配，确保各设备正常工作；

b）电能调节：根据用电设备的不同需求，对电能进行必要调节，如电压、电流和频率的调整，满足设备的供电要求；

c）电路保护：在电路中出现过载、短路等异常情况时，供配电分系统能够及时切断电源，保护电路和设备不受损坏；

d）系统控制：对卫星上的用电设备进行配电控制，包括开关机控制、工作模式切换等，以实现对卫星各分系统的有效管理。

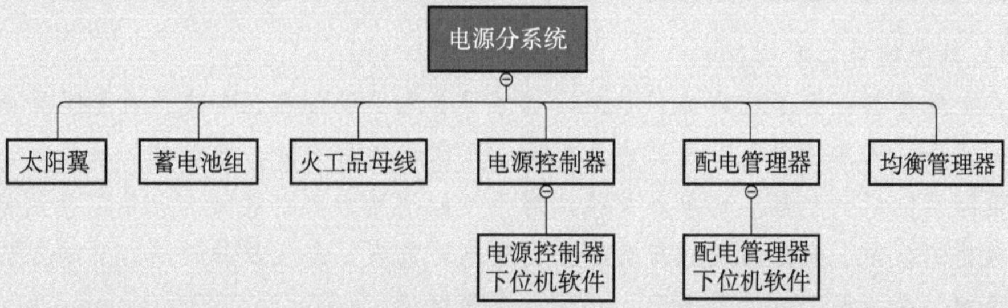

系统框图如下图所示。

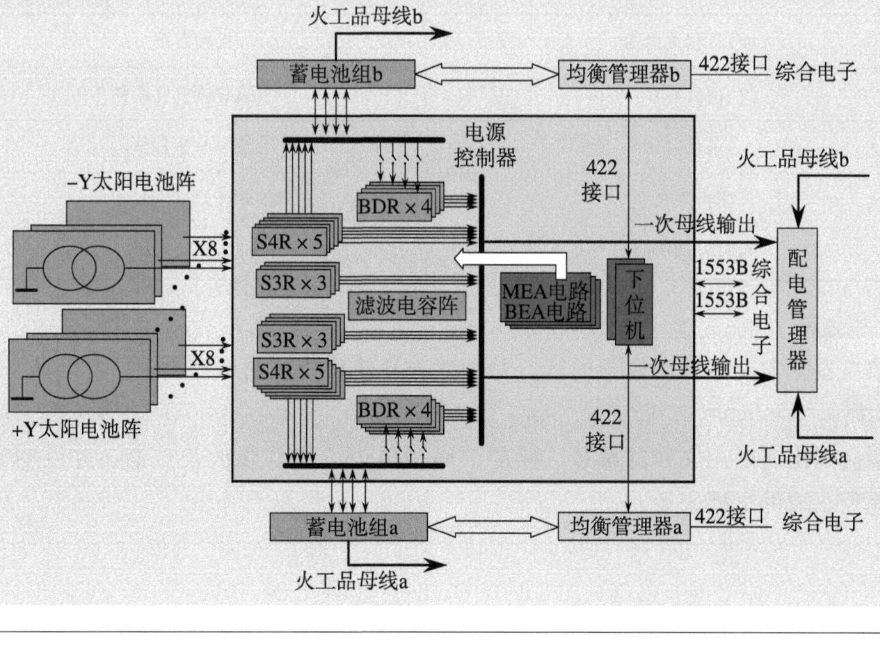

3）系统的软件组成：

供配电分系统由两个软件配置项组成，分别为电源控制器下位机软件和配电管理器下位机软件。软件基本信息见下表。电源控制器下位机软件主要完成单机与1553B接口以及RS422接口的通信协议、蓄电池的充放电管理及故障切换功能。配电管理器下位机软件主要完成接收电源控制器提供的一次母线，接收综合电子分系统的总线指令，将一次电源分配给综合电子分系统、控制分系统等各分系统的各用电设备，实现各分系统负载供电电流的采集、统计功能。

序号	软件所在子系统/设备名称	软件名称	软件类型	重要/安全等级	运行环境	开发环境	编程语言	测评版本	代码规模(行)
1	供配电分系统	电源控制器下位机软件	新研	重要/B	80C32E	Keil μVision2 IDE 2	C	2.00	总规模:9077 有效规模:8045
2	供配电分系统	配电管理器下位机软件	新研	重要/B	80C32	Keil μVision2	C	2.02	总规模:7804 有效规模:6778

4）系统的设计原则：

安全性原则：抗干扰的防护原则，确保平台电子设备在强电磁干扰环境下正常工作的能力。可靠性原则：设计力求简单、可靠，采用充分、合理的冗余设计，尽可能消除系统级（整星级）单点故障。对于不能消除的单点故障，应采取有效措施降低其故障概率。充分考虑载荷功率大、配电路数多、路径长的特点，从顶层优化系统架构，在确保可靠性前提下，减轻电缆网重量。

5）项目的相关机构，见下表。

项目相关机构	机构名称
项目需方	系统总体单位名称
项目用户	使用单位名称
项目开发方	软件开发单位名称
项目保障机构	保障机构名称

1.3 文档概述

本节应概括本文档的用途与内容，并阐述与其使用相关的保密要求。

2 引用文档

本章应列出所引用文档的编号、标题、编写单位、修订版次及日期，并注明无法通过常规途径获取的文档来源。

3 需求

本章应分为以下节以规定系统需求。每条需求应指定项目唯一的标识符，以便测试和追踪。每条需求应注明所采用的合格性方法，对于子系统，还需注明与系统需求的可追踪性。

注：判定需求详尽程度的指南主要包括涵盖所有作为系统验收条件的系统特性，以及应遵循的设计规范说明。

3.1 要求的状态和方式

如果要求系统在多种状态或方式下运行，并且不同的状态或方式具有不同的需求，则应标识和定义每一种状态和方式。状态和方式的例子包括空闲、就绪、活动、事后分析、训练、降级、紧急情况、后备、战时和平时等。系统描述可采用仅用状态，仅用方式，用方式中的状态、状态中的方式或其他有效的方案。如果不需要多种状态和方式，应如实陈述，避免人为区分；若需多种状态和/或方式，则需确保本规格说明中的每个需求或每组需求与这些状态和方式相对应，对应关系可以在本节或本节所引用的附录中，通过表格或其他方式加以指明，也可以在该需求出现的章节中加以说明。

编写示例：

3.1 要求的状态和方式（SRS _ 001 _ 001）

雷达系统分为初始化（暂态）、待机、工作、维护和关机（暂态）五种状态。

雷达主控模块上电后各软件启动，此时雷达系统自动进入初始化，初始化完毕后，转为待机状态。雷达系统根据接收的上注指令，转入工作状态或维护状态。任务执行结束后，转入关机状态；此时，雷达系统的主控软件向各单机发送下电指令，并向综合电子发送“工作状态报告上报”指令，告知当前状态为关机。各单机下电指令执行完毕后将状态转为待机。除初始化状态外，主控软件均能通过1553B总线与各设备进行信息交互。雷达系统工作状态及转换关系如下图所示。

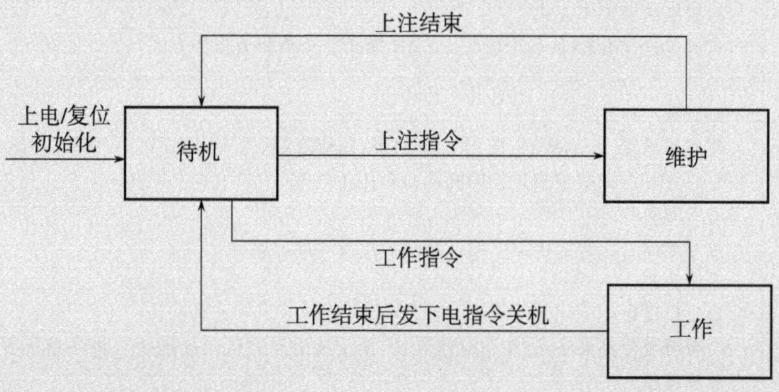

不同状态下雷达系统工作状态见下表。

工作状态	需求描述
初始化(暂态)	完成功能： 1)初始化 RS422、1553B、LVDS 等通信接口 2)创建消息队列、进程等 3)加载默认参数 进入方式： 上电或看门狗复位后自动进入 退出方式： 初始化完成后自动退出
待机状态	完成功能： 1)该状态不产生信号，接收综合电子发送的由地面上注的工作指令和软件上注指令 2)对综合电子发送的指令进行响应 进入方式： 1)初始化后自动进入 2)软件上注完毕后，接收上注结束指令，转入待机状态 3)系统工作完毕后，自动转入待机状态 4)系统工作中出现异常复位后转入待机状态 退出方式： 1)收到软件上注启动指令，系统进入维护状态 2)收到工作指令并通过参数包合法性检查后，系统进入工作状态
维护状态	完成功能： 完成软件上注工作 进入方式： 在待机状态下收到软件上注启动指令 退出方式： 软件接收上注结束指令
工作状态	完成功能：完成雷达系统指定工作 1)定标工作方式 完成接收定标、发射定标、参考定标、噪声定标、板间电缆定标、相位同步定标 2)校准回波工作方式 完成单极化 InSAR 和全极化 InSAR 模式下校准回波工作方式
工作状态	3)成像工作方式 完成单极化 InSAR(非极地)、单极化 InSAR(极地)、全极化 InSAR、基线定标，处于 InSAR 工作方式时还需进行时间同步和相位同步 进入方式： 收到地面上注的工作指令包且判断工作时间即将到达 退出方式： 1)工作结束 2)系统发生重大错误(工作时间过长、接收到强制关机间接指令)，将各单机关机，系统状态转到待机
关机(暂态)	工作结束后雷达系统的主控软件向各单机发送下电指令，指令执行结束后状态转为待机

3.2 系统能力需求

本节应逐一列出与系统各能力相关的需求，可分为若干节。“系统能力需求”中的“能力”为一组相关需求，可用“功能”“主题”“目标”或其他适合表示需求的词替代。

3.2.×（系统能力）

本节应标识出所要求的每一个系统能力，并逐一列出与该能力有关的需求。如果系统能力可以更清晰地分解成若干子能力，则应分节对子能力进行说明。该需求应指出所需的系统行为，包括适用的参数，如响应时间、吞吐时间、其他时限约束、时序、准确性、容量、优先级、连续运行需求和在基本运行条件下允许的偏差；适当时，需求还应包括在异常条件、非许可条件或超限条件下所需的行为，错误处理需求和任何为保证在紧急时刻运行的连续性而引入到系统中的规定。在确定与系统所接收的输入和系统所产生的输出有关的需求时，应考虑在 3.3.×节给出的要考虑的主题列表。

编写示例：

3.2 系统能力需求

3.2.× 配电控制能力需求（SRS _ 00X）

3.2.×.1 主备切换（SRS _ 00X _ 001）

（1）功能需求描述

雷达分系统中的雷达主控软件可以响应卫星综合电子间接 B 指令，对指定单机进行主备切换，同时根据指令包中的相位控制参数进行高低电平输出。

主备切换指令共 6 对，分别为监控定时器主备、基准源内外切换主备、波控机主备，每一对指令包含主切备（A 切 B）和备切主（B 切 A）两条指令。

（2）输入输出

类型	名称	来源或接收者
输入	间接遥控 B 指令/上注工作指令	卫星综合电子分系统→雷达分系统中的雷达主控软件
输出	OC 控制指令	雷达分系统中的雷达主控软件→供配电分系统

（3）运行流程

主备切换功能具体运行流程为：雷达分系统中的主控软件收到综合电子分系统 OC 主备切换指令后，进行校验并解析其内容，如果校验成功，则将解析的 OC 主备切换指令发送给供配电分系统的配电器，对相应单机进行主备切换。具体处理流程如下图所示。

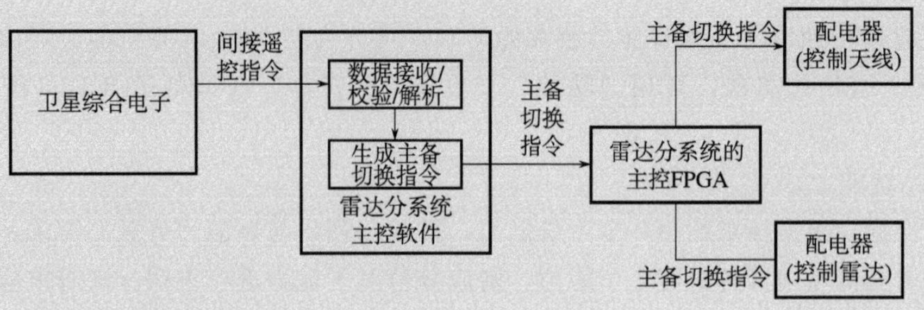

（4）运行参数

主备切换参数描述见下表。

参数名称	参数描述	前提与约束
指令响应间隔	两条 OC 指令间隔时间	不小于 0.1 s

3.3 系统外部接口需求

本节可分为若干小节，以规定系统外部接口方面的需求。本节也可引用一个或多个接口需求规格说明（IRS）或包含这些需求的文档。

3.3.1 接口标识和接口图

本节应标识所需的系统外部接口。每个接口标识应包括其项目唯一的标识符，并应用名称、序号、版本以及引用文档（适用时）指明接口的实体（系统、配置项和用户等）。该标识应说明哪些实体具有固定的接口特性（要给出这些接口实体的接口需求），哪些实体正被开发或修改（这些实体已有各自的接口需求）。可用一个或多个接口图表来描述这些接口。

3.3.×（接口的项目唯一的标识符）

本节（从 3.3.2 节开始）应通过项目唯一的标识符标识系统的外部接口，简要地标识接口实体，根据需要分条描述为实现该接口而提出的系统的需求。该接口所涉及的其他实体的接口特性应以假设的形式描述，或以“当（未涵盖的实体）这样做时，系统将……”的形式描述，而不作为针对其他实体的需求。本节可引用其他文档（如数据字典、通信协议标准和用户接口标准）代替在此所描述的信息。

编写示例：

3.3.1 接口标识和接口图

导引头系统通过接口控制固件与控制系统、测量系统两个外部系统进行数据交互。与控制系统的总线接口为 1553B 总线、RS422 接口、LVDS 串行接口，与测量系统的总线接口为 LVDS 串行总线。接口连接关系以及名称、标识、传递信息、硬件通道如下图所示，外部接口内容见下表。

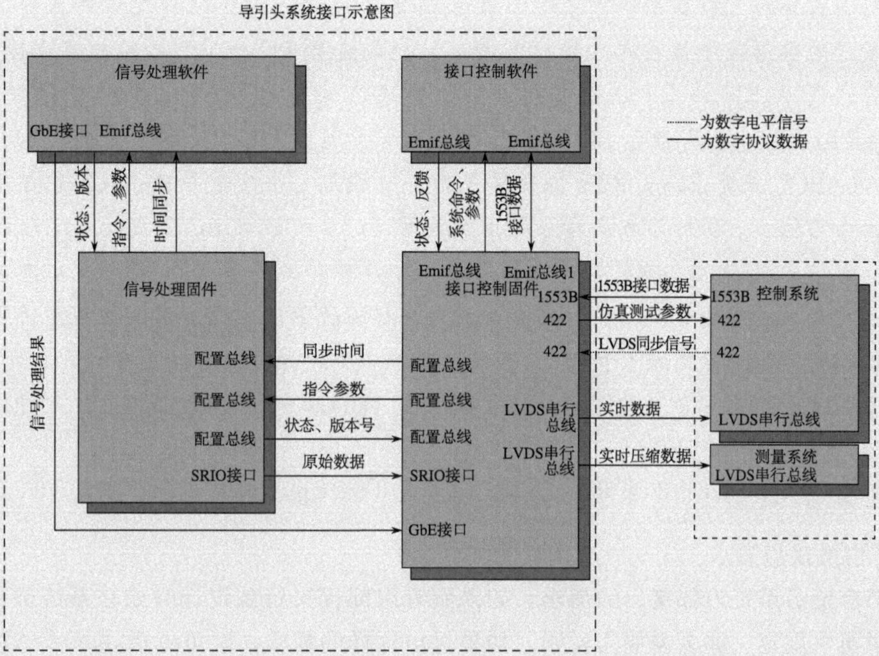

序号	接口名称	标识符	发送方	接收方	接口类型
1	1553B 数据	SJYCL_1	导引头系统、控制系统	导引头系统、控制系统	1553B 接口
2	仿真测试参数	SJYCL_2	导引头系统	控制系统	RS422 接口
3	实时数据	SJYCL_3	导引头系统	控制系统	LVDS 接口
4	实时压缩数据	SJYCL_4	导引头系统	测量系统	LVDS 接口

3.3.2 导引头系统与控制系统 1553B 总线接口（WJK1）

1）名称及标识号：导引头系统与控制系统 1553B 总线接口，WJK1；

2）接口优先级：高；

3）接口类型要求：实时数据传送；

4）传输数据元素组合体：输入、输出元素参见《×××导引头系统接口协议》或《×××接口需求规格说明》，直接输入输出接口形式为 1553 总线数据；

5）硬件特性：1553B 接口；

6）通信协议：

a）物理层通信协议：

导引头提供标准的 1553B 总线接口，选用符合 1553B 总线的协议芯片，采用双冗余通道的 1553B 总线结构和变压器耦合方式，满足 GJB 289/A-97，工作在远程终端（RT 地址：17）方式。

b）传输层通信协议：

导引头系统与控制系统的1553B总线通信帧协议分为接收和发送两部分，接收和发送的数据采用相同的数据帧结构，只允许进行BC和RT之间的数据传输，不允许进行从RT到RT的数据传输，所有通信均由BC发起，禁止广播模式，“BC→RTx-SAy-z”表示BC向RTx的接收子地址y发送z个字的数据；“RTx-SAy-z→BC”表示BC从RTx的发送子地址y读取z个字的数据。RT节点能够接收点名自检、时钟同步方式指令并正确执行，时钟同步时BC方式指令字后的数据字为时间的低16位，RT接收该指令后，自动将时间的高16位置0。本协议中应用层消息以表格的方式定义，消息发送时表格前边的字首先发送，如果发送的数据占两个字（如浮点数或长整型），无特殊说明，则按照先低字后高字的方式发送，如发送12345678H，则先发送5678H，再发送1234II。

c）应用层通信协议：

参见《×××导引头系统接口协议》或《×××接口需求规格说明》。

3.4 系统内部接口需求

本节应指明系统内部接口的需求。如果所有内部接口留到设计时或在系统部件的需求规格说明中规定，那么需如实说明。如果提出这样的需求，则可考虑在3.3节中列出的主题。

3.5 系统内部数据需求

如果提出了系统内部数据的需求，本节应指明这些需求，其中，包括对系统中数据库和数据文件的需求。若所有相关内部数据的决策都留待设计时或留待系统部件的需求规格说明中给出，则需在此说明。如果要给出这种需求，则可考虑在3.3.×.3节和3.3.×.4节中列出的主题。

3.6 适应性需求

若有，本节应指明与系统安装相关的数据需求（如场地的经纬度或位置编码）应描述系统使用要求的运行参数（如与使用相关的目标设置或数据记录等方面参数），这些运行参数可能会根据运行需要而改变。

3.7 保密性需求

若有，本节应指明维持保密性的系统需求，包括系统运行的保密性环境、提供的保密性防护类型和程度、系统必须经受住的保密性的风险、减少此类风险所需的安全措施、系统必须遵循的保密性政策、系统必须具备的保密性责任、保密性认证/认可必须满足的准则等。

3.8 安全性需求

若有，本节应指明有关防止对人员、财产、环境产生意外危险或把此类危险降到最低的系统需求，其中包括危险物品使用的限制，为运输、处理、存储而对爆炸物品进行分类，异常中止/异常出口规定，气体检测和报警设备，电力系统接地、排污、防爆等。

编写示例：

3.8 安全性需求

a）为了系统安全，系统对各单机开关电有严格的顺序。

b）定期对系统上电时间和总工作时间进行监视，超过预设时间后直接将各单机关机。

c）采取必要的数据备份措施，以便在服务器故障的情况下能够尽快恢复数据，保证数据存储的安全性。

d）软件设计过程中，对重要数据（当前回放数据块、当前记录数据号以及内存下卸 MRAM 区关键数据）进行三冗余存储，采用三取二判决，使用两两相与再相或作为最终结果。

3.9 系统环境适应性需求

若有，本节应指明与系统运行必需的环境有关的需求。对于软件系统而言，运行环境包括支持系统运行的计算机硬件和操作系统（其他有关计算机资源方面的需求在 3.11 节中描述）。对于软硬件系统而言，运行环境包括系统在运输、存储和操作过程中必须经受的环境条件，如自然环境条件（风、雨、温度、地置位置）、诱发环境（运动、撞击、噪声、电磁辐射）和对抗环境（爆炸、辐射）。

3.10 其他质量特性需求

若有其他质量特性方面的需求，本节应指明系统的这些需求，其中包括可靠性、维修性、测试性等。

编写示例：

3.10.1 可靠性需求

系统采用冗余设计，主备机冷备份，当出现×××故障时，软件进行切机操作，切机后软件正常工作。

3.10.2 维修性需求

当×××软件程序不满足用户需求或出现故障时，可以通过地面在轨上注新版本程序。

3.10.3 测试性需求

系统具备自检功能，具备实时监测设备状态信息并分析、处理有关的状态信息，将故障信息下传地面的功能。

3.11 计算机资源需求

本节应分为以下小节，详细规定计算机资源需求。根据系统的特点，这些小节中的计算机资源可以构成系统的环境（对于软件系统）或系统的组成部分（对于软硬件系统）。

3.11.1 计算机硬件需求

本节应明确系统所需采用或引入系统的计算机硬件需求，涵盖各类设备的数量，处理器、存储器、输入/输出设备、辅助存储器、通信/网络设备和其他所需设备的类型、规格、容量（能力）及其他要求特性。

3.11.2 计算机硬件资源利用需求

本节应阐述系统对计算机硬件资源利用方面的具体需求，如最大许可使用的处理器能力、存储器容量、输入/输出设备能力、辅助存储器容量和通信/网络设备能力。这些要求（例如，以每个计算机硬件资源能力的百分比表示）还应包括测量资源利用时所需满足的条件。

3.11.3 计算机软件需求

本节应指明系统所需使用或引入计算机软件的需求，如操作系统、数据库管理系统、通信/网络软件、公用软件、输入和设备模拟器、测试软件和制造用软件。应提供每个软件项的正确名称、版本和引用文档。

3.11.4 计算机通信需求

本节应明确系统附加的通信需求，包括系统必须采用或纳入的计算机通信方面的需求，如连接的地理位置、配置和网络拓扑结构、传输技术、数据传输速率、网关、要求的系统使用时间、传送/接收数据的类型和容量、传送/接收/响应的时间限制、数据量的峰值和诊断功能。

3.12 设计和构造的约束

若有，本节应明确约束系统设计和构造的需求。对于软硬件系统而言，应包括施加于系统的物理需求，这些需求可通过引用适当的标准和规范来指定。需求包括：

1）特殊系统体系结构的使用或对体系结构方面的需求，例如所需的子系统，标准部件和现有部件的使用；政府/客户提供的资源（设备、信息、软件）的使用。

2）特殊设计或构造标准的使用，特殊数据标准的使用，特殊编程语言的使用，技艺需求和生产技术。

3）系统的物理特性（如重量限制、尺寸限制、颜色、保护罩），部件的可交换性，从一地运输到另一地的能力，以及由单人或一组人携带或架设的能力。

4）能够使用和不能使用的物品清单，处理有毒物品的安全需求，以及系统产生电磁辐射的允许范围值。

5）铭牌、部件标记、序列号和批次号的标记方式以及其他标识标记的规范使用。

6）为适应技术、威胁、任务等方面预期的发展或变化，系统必须提供足够的灵活性和可扩展性。

3.13 人员相关需求

若有，本节应明确与人员相关的系统需求，包括系统的使用或保障人员所需的人员数量、技能水平、工作周期、必要的培训等信息，如要提供的工作站数量、内置的帮助和培训视频等，同时，也包括对系统人机工程方面的需求，如人员能力与局限性、正常与极端条件下的人为错误、人为错误造成特别严重影响的特定区域以及对高度可调的工作站、错误消息的颜色与持续时间、关键指示器或按键的位置、听觉信号的使用需求。

3.14 训练相关需求

若有，本节应明确与训练相关的系统需求，如包含在系统中的训练设备或器材。

3.15 综合保障需求

若有，本节应明确有关综合保障方面的系统需求，包括系统维护、软件保障、运输方式以及对现有设施和设备可能产生的影响。

3.16 包装需求

若有，本节应明确系统及其部件在包装、标记和处理方面的具体需求，可参照相关标准执行。

3.17 其他需求

若有，本节应明确以上没有涉及的其他系统需求，如合同要求的文档不能覆盖的规格说明、图表、技术手册、测试计划、测试规程和安装说明材料等其他文档需求。

3.18 需求的优先顺序和关键性

若适用，本节应明确本规格说明中各需求的优先次序、关键性或相对重要性权重。例如，对安全性和保密性至关重要的需求应予以特殊标注。若所有需求权重相等，也应如实说明。

4 合格性规定

本节应定义一组合格性检验方法，针对第 3 章中的每个需求，明确如何验证其是否得到满足。可用表格形式表述，或为第 3 章中的每个需求注明所使用的方法。合格性检验方法可以包括：

1）演示：依靠可见的功能操作，直接运行系统或系统的一部分，不需要使用仪器、专用测试设备或进行事后分析。

2）测试：使用仪器或其他专用测试设备运行系统或系统的一部分，以便采集数据供事后分析使用。

3）分析：处理从其他合格性检验方法获得的积累数据。

4）审查：对系统部件、文档等进行目视检查。

5）任何针对系统的特殊合格性检验方法。

5 需求可追踪性

对子系统规格说明应描述：

1）从本规格说明中的每个子系统需求到它所涉及系统需求的可追踪性。该可追踪性也可以通过对第 3 章中的每个需求进行注释的方法加以描述。

注：每一个层次的系统细化都可能导致需求不能直接追踪到较高层次。例如：一个系统体系结构设计建立了两个子系统，可能导出关于两个子系统如何接口的需求，而这些接口需求在系统需求中并没有被涵盖。这样的需求可以被追踪到类似于“系统实现”的一般需求，或被追踪到导致它们产生的系统设计决策。

2）从已分配给本规格说明所覆盖的子系统的每一个系统需求到所涉及的子系统需求的可追踪性。分配给子系统的所有系统需求都应加以说明。追踪到《接口需求规格说明》中所包含的子系统需求时，可引用《接口需求规格说明》。

注：本章对系统规格说明不适用。

6 注释

本章应包括有助于了解文档的所有信息（例如背景、术语、缩略语或公式）。

9.2.3 软件系统/子系统设计说明

9.2.3.1 编写目录

1 范围
1.1 标识
1.2 系统概述
1.3 文档概述
2 引用文件
3 系统级设计决策
4 系统体系结构设计
4.1 系统部件
4.2 执行方案
4.3 接口设计
4.3.1 接口标识和图表
4.3.×（接口的唯一标识符）
5 需求的可追踪性
6 注释

9.2.3.2 编写指南

1 范围

1.1 标识

本节应描述本文档所适用的系统和软件的完整标识信息，包括但不限于其标识号、名称、缩略名、版本号和发布号。

1.2 系统概述

本节应概述本文档适用的系统和软件的主要用途；描述系统和软件的一般特性（如规模、安全性、可靠性、实时性、技术风险等特性）；简述系统开发、运行和维护的历史；目的需方、用户、开发方及保障机构等；列出当前及计划的运行现场；列出标识项其他有关文档。

1.3 文档概述

概述本文档的用途和内容，并阐述与其使用有关的安全保密要求。

2 引用文件

本章应列出引用文档的编号、标题、编写单位、修订版及日期，同时提供无法通过正常渠道获取的文档的来源信息。

3 系统级设计决策

本章根据实际需要，可分节描述系统级设计决策，即系统行为的设计决策（忽略其内部实现，从用户角度出发描述系统将怎样运转以满足需求）和其他对系统部件的选择与设计产生影响的决策，并给出决策的理由。如果决策在需求中已明确指出或推迟到系统部件设计时给出，则本章应如实陈述。针对关键性需求（尤其是安全性或保密性关键的需求）的设计决策，应在专门的章节中加以叙述。如果设计决策依赖于特定系统状态或方式，应明确这种依赖关系。本章还应提供或引用必要的设计约定。系统级设计决策示例如下：

1）有关系统接收的输入和产生的输出的设计决策，涵盖与其他系统、配置项及用户的接口（在 4.3.×节标识了在本文档中所要考虑的主题）。如果《接口设计说明》中给出部分或全部该类信息，在此可以引用。

2）针对每个输入或条件，系统响应行为的设计决策，包括系统执行的动作、响应时间及其他性能特性、模拟的物理系统描述、所选择的方程式/算法/规则以及对不允许的输入或条件的处理方式。

3）系统数据库/数据文件如何呈现给用户的设计决策（在 4.3.×节标识了本文档中所要考虑的主题）。如果《数据库设计说明》中给出部分或全部该类信息，在此可以引用。

4）为满足安全性和保密性需求所选用的方法。

5）硬件或软硬件系统的设计和构造选择，如物理尺寸、颜色、形状、重量、材料和标志等。

6）为了响应需求而做出的其他系统级设计决策，如为提供所需的灵活性、可用性和可维护性而选择的方法。

编写示例：

3 系统级设计决策

3.1 系统需求

系统需求见《××分系统系统规格说明》中的 3.2 系统能力需求。

3.2 系统设计总体思路

(1) 自顶向下，逐级分层的软件结构化设计

×× SAR 分系统功能复杂、提取和处理的信息多样，处理难度大、时效强，可靠性要求高。针对上述特点，软件系统架构设计采用“信息分类处理与功能分层

组织”的设计思想。信息分类处理采用多层次拓扑结构，以适应多种类、并发数据流，确保系统数据信息处理的实时性、数据信息的安全性和完整性。功能分层是指通过对系统功能的合理划分和部署，将功能逐级分解至各配置项，最终实现系统性能。

(2) ××系统一体化设计

兼顾×××、×××等型号或产品，在软件设计方面采用相同的设计规范，实现软件架构一致、层次划分统一、公用模块统一设计，相互共享、继承，最终形成统一×××系统/产品软件标准。

(3) 代码重用与复用设计

结合许多重点型号产品和重大课题软件开发经验，很多优秀成果都被固化为标准模块，这些代码经过长时间的使用验证，以及第三方机构测试被证明是可靠和有效的，通过代码的重用和复用大大降低了软件的开发风险和软件测试成本。

(4) 基于标准协议的软件接口规范

在接口规范制定方面，基于标准总线、网络、光纤等底层数据交互协议，建立了《××数据接口设计规范》等标准化接口规范文件，确保接口设计的规范性和通用性。同时，设计和应用了面向对象的通用中间件，实现了不同运行环境、不同编程语言处理单元之间的信息交互。

(5) 基于仿真与实测数据的大型软件集成测试平台技术

建有大型软件仿真调试与测试平台，可模拟×××系统外部数据源，实现对系统软件功能、性能等调试、测试和验证，用于对在研产品进行软件功能验证和性能评估。

3.3 系统输入/输出的设计决策

导引头系统与其他系统和用户交互的接口主要包括与控制系统、测量系统的接口。

3.3.1 与控制系统交互

导引头系统向控制系统传输的信息主要包括：

1) 1553B 数据：控制系统通过 1553B 总线数据接口向××系统的××软件发送自检指令、时间同步、控制指令、控制数据、工作方式及遥测参数。

2) 仿真测试参数：导引头通过 RS422 串口以 2 ms 周期向控制系统发送仿真测试参数。

3.3.2 与××系统交互

3.4 系统安全性设计决策

(1) 系统级安全性需求

1) 系统通过严格按照指定顺序执行各单机上下电，监控系统上电时间，采取超时强制关机的方法，确保系统安全性。

2）通过三模冗余等方法进行软件加固，实现重要数据的保护；每个软件配置项对输入数据中一些关键性的参量进行合理范围的检查，确保不会因为异常数据而导致软件瘫痪。同时，对执行参数（控制参数、成像参数）进行时效性判断，失效参数将被丢弃。

3）系统具备判断操作人员输入和操作正确性的功能，对于不正确或不合理的输入和操作，系统将提醒操作人员注意错误的输入或者操作，并拒绝该操作的执行，同时，指出错误的类型和纠正措施。对于合法的输入或者操作，软件可提供操作正确的判据，并向操作人员提供视听反馈，使操作人员知道系统已接受操作并正在进行处理。

（2）软件需求安全性分析要求

在需求分析中对以上安全性需求进行分析，并根据需求分析结果提出必要的软件安全功能模块和处理算法，确保软件安全完整性。

（3）软件结构设计安全性分析

将全部软件安全性需求综合到软件结构中，并对结构设计的安全性进行评价，确保软件安全功能的安全性和完整性。

（4）软件详细设计安全性分析

能够涵盖软件安全性要求和软件结构设计要求。

（5）软件编码安全性分析

根据软件编码规范编制软件代码，组织软件代码审查，满足软件设计的要求。

3.5 系统可靠性设计决策

采用冗余设计，主备机冷备份，当出现×××故障时，软件进行切机操作，切机后软件正常工作。

3.6 系统维修性设计决策

a）各分系统软件在维修性设计时要考虑简化、防错和测试性设计等，软件程序具有易分析性，采用模块化设计，函数及变量命名应具有相应的含义，对于函数的功能和输入/输出要有注释说明；同时，软件程序具有易改变性，输入和中间结果都要保留，确保功能的可扩充性，软件设计要进行深入的故障模式分析，合理设计检测点的数量和办法、布局以及检测信号的类型和传输等，使功能单元易于进行故障检测和隔离。确保所设计的设备未来维修方便，降低对维修资源的要求。

b）系统不满足用户需求或出现故障时，可以通过地面在轨上注新版本程序进行功能维护。

3.7 系统可测试性设计决策

通过监测各单机遥测数据，快速发现单机故障，实现对××系统的状态监视功能，并将故障信息下传到地面。无论是硬件故障还是软件故障，原则上限制在本系统内处理，不影响其他分系统的正常运行。

4 系统体系结构设计

本章应分为以下小节，描述系统体系结构设计。如果设计的全部或部分依赖于系统的状态或方式，应明确这种依赖关系。如果设计信息在多于一节中出现，它只需被提供一次，而在其他节中引用。本节应提供或引用为了理解设计所需要的设计约定。

注：为了简明，本章的描述是按照“系统是由硬件配置项（HWCI）、计算机软件配置项（CSCI）、手工操作所组成”进行的，对于“系统由子系统组成，子系统由 HWCI、CSCI、手工操作组成，或其他适当变化”的情况宜加以适当解释。

4.1 系统部件

本节应：

1）标识所有系统部件（硬件配置项、软件配置项和手工操作），并为每个部件指定一个唯一标识符。

注：数据库可作为一个 CSCI 或 CSCI 的一部分进行处理。

2）说明部件之间的静态关系。根据所选择的设计方法学，可能会给出多重关系。

3）阐述每个部件的用途，并标识分配给部件的系统需求和系统级设计决策［作为一种变通，可在“5 需求的可追踪性”1）条中给出需求的分配］。

4）标识已知每个部件的开发状态类型，如新开发的部件、对已有部件按原样进行重用的部件、对已有设计按原样进行重用的部件、要再工程的已有设计或部件、为重用而开发的部件、计划用于第 N 构建版的部件等。对于现有设计或部件，应给出其标识信息，如名称、版本、文档引用和地点等。

5）对于已确定用于该系统的每个计算机系统或其他计算机硬件资源的集合，描述其计算机硬件资源（如处理器、存储器、输入/输出设备、辅存器、通信/网络设备）。适当时，每一描述应标识出使用该资源的配置项，对于使用该资源的每个计算机软件配置项，说明资源使用分配情况（如给计算机软件配置项 1 分配 20％的资源，给计算机软件配置项 2 分配 30％的资源），说明在什么条件下测量资源的使用情况，并说明该资源的特性。

a）计算机处理器描述应适当包括制造商名称和型号、处理器速度/能力、指令集体系结构、适用的编译程序、字长（每个计算机字的位数）、字符集标准（如 ASCⅡ 或 EBCDIC）和中断能力等；

b）存储器描述应适当包括制造商名称和型号、存储器大小、类型、速度和配置（如 256K 高速缓冲存储器、16MB RAM）；

c）输入/输出设备描述应适当包括制造商名称和型号、设备类型和设备的速度/能力；

d）外存描述应适当包括制造商名称和型号、存储器类型、安装存储器的数量和存储器速度；

e）通信/网络设备（如调制解调器、网卡、集线器、网关、电缆、高速数据线或其他部件集合体）描述应适当包括制造商名称和型号、数据传送速率/能力、网络拓扑结构、传输技术和使用的协议；

f）每个描述还应适当包括增长能力、诊断能力与本描述相关的其他硬件能力。

6）给出系统的规格说明树，即使用图示来标识和展示已规划的系统部件规格说明之间的关系。

4.2 执行方案

本节应描述系统部件之间的执行方案。使用图示和说明表示部件之间的动态关系，即系统运行期间它们是交互方式（若适用），包括执行控制流、数据流、动态控制序列、状态转换图、时序图、部件的优先级、中断处理、时序/序列关系、异常处理、并发执行、动态分配/去除分配、对象、进程、任务的动态创建/删除以及其他动态行为的方面。

4.3 接口设计

本章应分为以下小节描述系统部件的接口设计特性，应包括部件之间的接口以及与外部实体（如其他系统、配置项、用户）之间的接口。

注：若不要求完成全部接口设计，本章可仅提供系统体系结构设计中的接口设计决策，并引用《接口设计说明》中给出部分或全部信息。

4.3.1 接口标识和图表

本节应使用项目唯一的标识符来标识每个接口，并通过名称、编号、版本、文档引用指明接口实体（如系统、配置项和用户等）。该标识应说明哪些实体具有固定的接口特性（给出这些实体的接口需求）以及哪些实体正在开发或修改（这些实体已有各自的接口需求）。应提供一个或多个接口图表来描述这些接口。

4.3.×（接口的唯一标识符）

从 4.3.2 节开始，应用项目唯一的标识符标识接口，简要地描述接口实体，并根据需要分节描述接口实体单方或双方的接口特性。若某个接口实体在本文中未提及（如一个外部系统），而在本文描述接口实体时需要提到其接口特性，则这些特性应以假设的形式陈述，或以“当［未涵盖实体］执行此操作时，［本文提及的实体］将……”的形式描述。本节可引用其他文档（如数据字典、协议标准、用户接口标准）来代替本节的描述信息。若适用，应包括以下内容，并以适合所提供信息的顺序给出，还应从接口实体的角度说明这些特性之间的区别（例如关于数据元素大小、频率或其他特性的不同期望值）。

1）接口实体分配给接口的优先级。

2）所实现的接口类型（如实时数据传送、数据的存储和检索等）。

3）接口实体所提供、存储、发送、访问和接收的各数据元素的特征，如：

a）名称/标识符：

ⅰ）唯一标识符；

ⅱ）非技术名称（自然语言名称）；

ⅲ）数据元素名称（应优先使用标准化的数据元素名称）；

ⅳ）技术名称（如系统中变量名称、数据库字段名称等）；

ⅴ）缩写名或同义名。

b）数据类型（字母、数字、整数等）。

c）大小和格式（如字符串长度和标点符号）。

d）计量单位（如 m）。

e）可能值的范围或枚举（如 0～99）。

f）准确度（正确程度）和精度（有效数字位数）。

g）优先级、时序、频率、容量、序列、其他约束，如数据元素是否可被更新、业务规则是否适用。

h）保密性约束。

i）来源（建立/发送实体）和接收者（使用/接收实体）。

4）接口实体所提供、存储、发送、访问、接收的数据元素组合体（记录、消息、文件、数组、显示、报告等）的特征，如：

a）名称/标识符：

ⅰ）供追踪用的唯一标识符；

ⅱ）非技术名称（自然语言名称）；

ⅲ）技术名称（如系统中变量名称、数据库字段名称）；

ⅳ）缩写名或同义名。

b）组合体中的数据元素及其结构（编号、次序、分组）。

c）介质（如光盘）和介质中数据元素/组合体的结构。

d）显示和其他输出的视听特性（如颜色、版面设计、字体、图标和其他显示元素、蜂鸣声、亮度）。

e）组合体之间的关系，如排序/访问特性。

f）优先级、时序、频率、容量、序列、其他约束，如组合体是否可被修改、业务规则是否适用。

g）保密性约束。

h）来源（建立/发送实体）和接收者（使用/接收实体）。

5）接口实体所使用的接口通信方法的特征。如：

a）唯一标识符。

b）通信链路/带宽/频率/介质及其特性。

c）消息格式化。

d）流控制（如序列编号和缓冲区分配）。

e）周期性/非周期性数据传送的速率、传输间隔。

f）路由、寻址、命名约定。

g）传输服务，包括优先级和等级。

h）安全性/保密性方面的考虑，如加密、用户鉴别、隔离、审核。

6）接口实体所使用的接口协议的特征，如：

a）唯一标识符。

b）协议的优先级/层次。

c）打包（包括拆包和重新打包）。

d）合法性检查、错误控制和恢复过程。

e）同步，包括连接的建立、保持、终止。

f）状态，标识和其他需要报告的内容。

7）其他要求的特征，如接口实体的物理兼容性（尺寸、公差、负荷、电压和接插件兼容性等）、电压等。

编写示例：

4 系统体系结构设计

4.1 系统部件

4.1.1 软件系统体系结构

4.1.1.1 软件配置项部署

分别说明系统中每个软件配置项部署的模块、实现的功能。

4.1.1.2 软件配置项运行环境

配置项名称	芯片型号	实现编程语言	开发环境	BSP
XX 软件	BM3803	C	SPEC	××所提供
YY 软件	AX1000	VHDL	Libero	××所提供

4.1.1.3 硬件环境表

硬件名称	硬件用途	硬件配置说明
主控模块	驻留 XX 软件、YY 软件	XX 软件驻留于 SPARC - V8（工作主频≥64 MHz，SRAM 存储：4 MB，FLASH：8 MB）； YY 软件驻留于 AX1000（每片 100 万门）

4.2 执行方案

4.2.×软件上注执行方案

4.2.×.1 星上软件上注

（1）方式描述

×××系统需具备软件上注功能，上注分为软件执行文件上注和参数上注。当星上软件出现严重缺陷、软件功能需求发生变更或驻留软件被破坏时执行软件执行文件上注。通过软件上注，可以对星上 XX 软件和 YY 软件进行更新；可以对 ZZ 软件参数进行更新。

XX 软件执行文件大小为 200 KB，YY 软件执行文件大小约为 400 KB，ZZ 软件参数大小为 10 KB。系统进行软件上注工作时系统状态设置为维护，此时即使有任务也不会执行；待软件上注成功后才可以执行任务。

(2) 处理内容

a) XX 软件接收软件上注包，判断上注类型；

b) 若为参数更新包，接收完整后通过参数表由 EE 软件将其发送给 ZZ 软件进行参数更新；

c) 若为 XX 软件执行文件更新包，接收完整后对 XX 软件执行文件进行更新，更新后 XX 软件复位；

d) 若为 YY 软件执行文件更新包，接收完整后重新拆包将其发送给 EE 软件。

(3) 工作流程

画出星上软件上注的工作流程图，并概述上注过程中与被测系统交互的其他分系统的作用。

(4) 工作要求

××系统进行上注工作时处于维护状态，不执行××、××任务。

4.3 接口设计

4.3.1 外部接口设计

4.3.2 内部接口设计

5 需求的可追踪性

本章应描述：

1) 从本设计说明中标识的每个系统部件到相应的系统需求之间的可追踪性（该可追踪性也可在 4.1 节中给出）；

2) 从每个系统需求到相应的系统部件之间的可追踪性。

6 注释

本章应包括有助于了解文档的所有信息（例如背景、术语、缩略语或公式）。

9.2.4 软件需求规格说明（结构化方法）

9.2.4.1 编写目录

1 范围

1.1 标识

1.2 系统概述

1.3 文档概述

2 引用文件

3 需求
3.1 要求的状态和方式
3.2 CSCI 能力需求
3.2.×（CSCI 能力）
3.3 CSCI 外部接口需求
3.3.1 接口标识和接口图
3.3.×（接口的唯一标识符）
3.4 CSCI 内部接口需求
3.5 CSCI 内部数据需求
3.6 适应性需求
3.7 保密性（Security）需求
3.8 安全性（Safety）需求
3.9 CSCI 环境适应性需求
3.10 其他质量特性
3.11 计算机资源需求
3.11.1 计算机硬件需求
3.11.2 计算机硬件资源使用需求
3.11.3 计算机软件需求
3.11.4 计算机通信需求
3.12 设计和实现约束
3.13 人员相关需求
3.14 训练相关需求
3.15 软件保障需求
3.16 包装需求
3.17 其他需求
3.18 需求的优先顺序和关键性
4 合格性规定
5 需求可追踪性
6 注释

9.2.4.2　编写指南

1 范围
1.1 标识
1.2 系统概述
　　本节应概述本文档所适用的系统的用途。它还应描述系统的一般特性（如规模、安全性、可靠性、实时性、技术风险等特性)，概述系统开发、运行和维护的历史，标识项目的需方、用户、开发方和保障机构等，标识当前和计划的运行现场，列出其他有关文档。

1.3 文档概述

本节应概述本文档的用途、内容以及相关的保密要求。

2 引用文件

本章应列出引用文档的编号、标题、编写单位、修订版及日期，并对于无法通过正常途径获取的文档，应明确其来源。

3 需求

本章应分为以下小节，规定 CSCI 的需求，这些需求是 CSCI 验收的必要条件。CSCI 需求是基于分配给该 CSCI 的系统需求而制订的软件需求。每条需求应指定项目唯一的标识符，以便确保可测试性和可追溯性，而且应以一种能为其定义具体测试对象的方式来描述。同时，每条需求应明确所采用的合格性方法（见第 4 章)，还应明确与系统或子系统需求的可追溯性（或在第 5 章给出)。

3.1 要求的状态和方式

如果要求系统在多种状态或方式下运行，并且不同的状态或方式具有不同的需求，则应明确标识并定义每一种状态和方式。状态和方式可能包括空闲、就绪、活动、事后分析、训练、降级、紧急情况、后备、战时和平时等。可以仅用状态描述 CSCI，也可以仅用方式，或用方式中的状态、状态中的方式或其他有效的方案描述 CSCI。如果不需要多种状态和方式，应如实陈述，而不需要进行人为的区分；如果需要多种状态和/或方式，应使本规格说明中的每个需求或每组需求与这些状态和方式相对应，对应关系可以在本节或本节所引用的附录中，通过表格或其他方式加以指明，也可以在该需求出现的章节中加以说明。

编写示例：

3.1 要求的状态和方式（SRS _ 001 _ 001）

雷达系统分为初始化（暂态)、待机、工作、维护和关机（暂态）五种状态。

当雷达主控模块上电后各软件启动，此时雷达系统自动进入初始化，当初始化完毕后，状态转为待机状态。雷达系统根据接收的上注指令，转入工作状态或维护状态。任务执行结束后，转入关机状态；此时雷达系统的主控软件向各单机发送下电指令并向综合电子发送“工作状态报告上报”指令，告知当前状态为关机。各单机下电指令执行完毕后将状态转为待机。除初始化状态外，主控软件均能通过 1553B 总线与各设备进行信息交互。

雷达系统工作状态转移如下图所示。

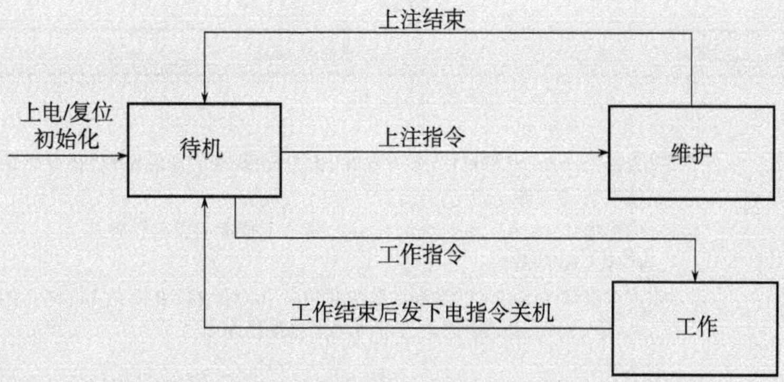

不同状态下雷达系统所完成的工作见下表。

工作状态	需求描述
初始化(暂态)	完成以下功能： 1)初始化 RS422、1553B、LVDS 等对外通信接口 2)创建消息队列、进程等 3)加载默认参数 进入方式： 上电或看门狗复位后自动进入 退出方式： 初始化完成后自动退出
待机状态	完成以下功能： 1)该状态不产生信号，接收综合电子发送的由地面上注的工作指令和软件上注指令 2)对综合电子发送的指令进行响应 进入方式： 1)初始化后自动进入 2)软件上注完毕后，接收上注结束指令，转入待机状态 3)系统工作完毕后，自动转入待机状态 4)系统工作中出现异常复位后转入待机状态 退出方式： 1)收到软件上注启动指令，系统进入维护状态 2)收到工作指令并通过参数包合法性检查后，系统进入工作状态
维护状态	完成以下功能： 完成软件上注工作 进入方式： 在待机状态下收到软件上注启动指令 退出方式： 软件接收上注结束指令

续表

工作状态	需求描述
工作状态	完成功能：完成雷达系统指定工作 1)定标工作方式 完成接收定标、发射定标、参考定标、噪声定标、板间电缆定标、相位同步定标 2)校准回波工作方式 完成单极化 InSAR 和全极化 InSAR 模式下校准回波工作方式 3)成像工作方式 完成单极化 InSAR(非极地)、单极化 InSAR(极地)、全极化 InSAR、基线定标，处于 InSAR 工作方式时还需进行时间同步和相位同步 进入方式： 收到地面上注的工作指令包且判断工作时间即将到达 退出方式： 1)工作结束 2)系统发生重大错误(工作时间过长、接收到强制关机间接指令)，将各单机关机，系统状态转到待机
关机(暂态)	工作结束后雷达系统的主控软件向各单机发送下电指令，指令执行结束后状态转为待机

3.2 CSCI 能力需求

本节应逐一列出与 CSCI 各个能力相关的需求，可分为若干子节。“CSCI 能力需求”中的“能力”为一组相关需求，可用“功能”“主题”“目标”或其他适合表示需求的词替代。

3.2.×（CSCI 能力）

本节应标识出所要求的每一个 CSCI 能力，并逐一列出与该能力有关的需求。如果该能力可以更清晰地分解成若干子能力，则应分节对子能力进行说明。需求应详细说明所需的 CSCI 行为，包括适用的参数，如响应时间、吞吐时间、其他时限约束、时序、精度、容量、优先级、连续运行需求和在基本运行条件下允许的偏差；适当时，需求还应包括在异常条件、非许可条件或超限条件下所需的行为，错误处理需求和任何为保证在紧急时刻运行的连续性而引入 CSCI 中的规定。在确定与 CSCI 所接收的输入和 CSCI 所产生的输出有关的需求时，应考虑在 3.3.×节给出的要考虑的主题列表。

编写示例：

3.2 CSCI 能力需求

3.2.1 功能需求说明

3.2.1.× 上电和复位初始化功能（SR－FREQ1）

a）功能编号：XXX－GNC－FREQ1。

b）功能描述：系统软件上电复位后，调用应用软件 AppInit 函数，并根据初始化内容，启动任务。

c）调用条件：上电/复位。

d）周期：SampleTime= 0.064 s。

e）输入：上电/复位标志。

f）输出：模式字。

g）处理：

上电/复位后，由引导应用软件运行。首先进行初始化，包括系统软件初始化和系统软件调用应用软件提供的初始化函数（AppInit）。启动任务并开始进行任务调度管理。

3.2.2 性能需求说明

RS422 串口中断处理时间小于 20 μs。

3.3 CSCI 外部接口需求

本节可分为若干小节，来规定关于 CSCI 外部接口的需求（若有）。本节可引用一个或多个接口需求规格说明（IRS）或包含这些需求的其他文档。

3.3.1 接口标识和接口图

本节应标识所需的 CSCI 外部接口，即与涉及数据共享、提供或交换的其他实体的关系。每个接口的标识应包括项目唯一的标识符，（若适用）并通过名称、编号、版本、引用文档来指明接口实体（系统、配置项、用户等）。该标识需指出哪些实体具有固定的接口特性（同时要给出这些接口实体的接口需求），并说明哪些实体正在开发或修改中（这些实体已有各自的接口需求）。应该通过一张或多张接口图来描述这些接口。

3.3.×（接口的唯一标识符）

从 3.3.2 节开始，本节应通过唯一标识符来标识 CSCI 外部接口，应简要地标识接口实体。根据需要，可分小节描述为实现该接口提出的该 CSCI 的需求。对于该接口所涉及的其他实体的接口特性，应作为假定进行描述，或以“当［未涵盖的实体］执行某操作时，本 CSCI 应该……”的形式叙述，而非作为对其他实体的需求。本节可引用其他文档（例如数据字典、通信协议标准、用户接口标准）代替在此描述信息。（若适用）需求应包括以下内容，并以任何适合于需求的顺序给出，还应从接口实体的角度说明这些特性之间的区别（例如，对数据元素的大小、频率或其他特性的不同期望值）：

1）CSCI 分配给该接口的优先级。

2）所实现的接口类型（如实时数据传送、数据的存储和检索等）的特征。

3）CSCI 所提供、存储、发送、访问和接收的各数据元素的特征，例如：

a）名称/标识符：

ⅰ）唯一标识；

ⅱ）非技术名称（自然语言名称）；

ⅲ）数据元素名称（应优先使用标准化的数据元素名称）；

ⅳ）技术名称（如系统中变量名称、数据库字段名称）；

ⅴ）缩略名或同义名。

b）数据类型（字母、数字、整数等）。

c）大小和格式（如字符串的长度）。

d）计量单位（如 m 等）。

e）可能值的范围或枚举（如 0～99）。

f）准确性（正确程度）和精度（有效数字位数）。

g）优先级、定时、频率、容量、序列以及其他约束条件（例如数据元素是否可以更新、业务规则是否适用）。

h）保密性约束。

i）来源（建立/发送实体）和接收者（使用/接收实体）。

4）CSCI 所提供、存储、发送、访问和接收的数据元素组合体（记录、消息、文件、数组、显示和报表等）的特征，例如：

a）名称/标识符：

ⅰ）唯一标识；

ⅱ）非技术名称（自然语言名称）；

ⅲ）技术名称（如系统中变量名称、数据库字段名称）；

ⅳ）缩略名或同义名。

b）数据元素组合体中的数据元素及数据元素的结构（编号、顺序和成组情况）。

c）介质（例如光盘）以及在介质上数据元素/包的结构。

d）显示和其他输出的视听特性，例如颜色、布局、字体、图标和其他显示元素、蜂鸣音。

e）数据元素组合体之间的关系，如排序/存取特性。

f）准确性（正确程度）和精度（有效数字位数）。

g）优先级、定时、频率、容量、序列以及其他约束条件（例如数据元素是否可以更新、业务规则是否适用）。

h）保密性约束。

i）来源（建立/发送实体）和接收者（使用/接收实体）。

5）CSCI 所使用的接口通信方法的特性，如：

a）唯一标识符；

b）通信链路/带宽/频率/介质及其特性；

c）消息格式；

d）流控制（如序列编号和缓冲区分配）；

e）周期/非周期传送的数据传送速率，传输间隔；

f）路由、寻址、命名约定；

g）传输服务，包括优先权和等级；

h）安全性/保密性考虑，如加密、用户鉴别、隔离和审核；

6）CSCI 所使用的接口协议的特征，如：

a）唯一标识符。

b）协议的优先级/层次。

c）打包（包括拆包和重新打包）、路由和寻址。

d）合法性检查、错误控制和恢复过程。

e）同步，包括建立连接、保持和终止。

f）状态、标识和其他需要报告的内容。

7）其他要求的特征，例如接口实体的物理兼容性（尺寸、公差、负载和接插件的兼容性等）、电压等。

编写示例：

3.3 CSCI 外部接口需求

3.3.1 接口标识和接口图

信号处理软件与接口控制软件通过配置总线传送控制指令、系统参数、系统延迟测量参数，将软件处理后的数据通过网口发送给接口控制固件，接口控制固件将其转换为串行 LVDS 发送给控制系统。接口示意图如下图所示，接口数据表见下表。

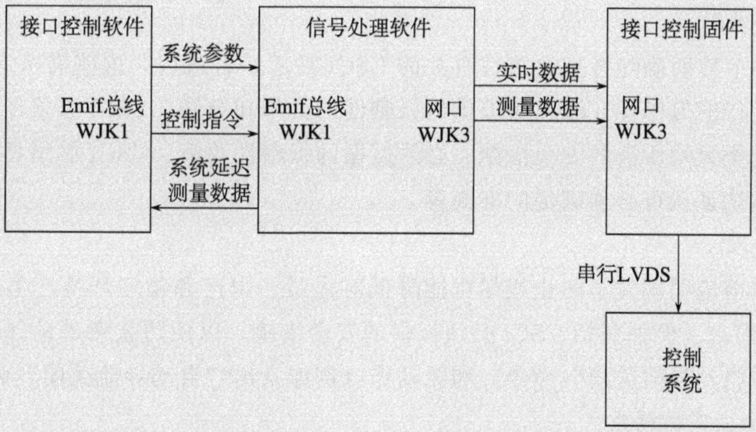

序号	接口名称	标识符	发送方	接收方	接口类型
1	控制指令	WJK1_1	接口控制软件	信号处理软件	Emif 接口
2	系统参数	WJK1_2	接口控制软件	信号处理软件	Emif 接口
3	系统延迟测量参数	WJK1_3	信号处理软件	接口控制软件	Emif 接口
4	实时数据	WJK3_1	信号处理软件	接口控制固件	网口
5	测量数据	WJK3_2	信号处理软件	接口控制固件	网口

3.3.2 信号处理软件与接口控制软件接口（WJK1）

a）名称及标识号：信号处理软件与接口控制软件配置总线接口，WJK1；

b）传输信息：控制指令、系统参数、系统延迟测量参数；

c）硬件特性：配置总线 Emif；

d）通信协议：见《××软件接口协议》。

3.4 CSCI 内部接口需求

本节应明确施加于 CSCI 内部接口的需求（若有）。如果所有内部接口都留待设计时再明确，那么应在此如实陈述。如果施加了这样的需求，应按 3.3 节要求描述。

3.5 CSCI 内部数据需求

本节应明确施加于 CSCI 内部数据的需求（若有），包括对 CSCI 中数据库和数据文件的需求（若有）。如果关于内部数据的所有决策都留待设计时再考虑，那么应在此如实陈述。如果施加了这样的需求，应按 3.3.×节的 3）和 3.3.×节的 4）要求描述。

3.6 适应性需求

若有，本节应明确与 CSCI 安装相关的数据需求（如场地的经纬度或位置编码），应描述 CSCI 使用要求的运行参数（如与使用相关的目标设置或数据记录等方面参数），这些运行参数可能会根据运行需要而改变。

3.7 保密性需求

若有，本节应明确与维护保密性有关的 CSCI 需求。若适用，这些需求应包括 CSCI 必须在其中运行的保密性环境、所提供的保密性的类型和级别、CSCI 必须经受的保密性风险、减少此类风险所需的安全措施、必须遵循的保密性政策、CSCI 必须具备的保密性责任、保密性认证认可必须满足的准则等。

3.8 安全性需求

若有，本节应明确关于防止或尽可能降低对人员、财产和物理环境产生意外危险的 CSCI 安全性需求。例如包括 CSCI 必须提供的安全措施，以便防止意外动作（例如意外地发出一个“自动导航关闭”命令）和无动作（例如发出“自动导航关闭”命令失败）。

3.9 CSCI 环境适应性需求

若有，本节应明确 CSCI 的运行环境需求，例如运行 CSCI 的计算机硬件和操作系统（对计算机资源的其他需求见 3.11 节）。

3.10 其他质量特性

本节应明确合同规定的或由更高一层规格说明派生出的 CSCI 其他质量特性方面的需求，包括可靠性、测试性、维护性等。

3.11 计算机资源需求

3.11.1 计算机硬件需求

本节应明确 CSCI 必须使用的计算机硬件的需求（若有）。若适合，这些需求应包括各类设备数量，处理机、存储器、输入/输出设备、辅助存储器、通信/网络设备及所需其他设备的类型、大小、容量和其他所需的特征。

3.11.2 计算机硬件资源使用需求

本节应明确 CSCI 计算机硬件资源使用需求（若有），例如：最大允许利用的处理机能力、内存容量、输入/输出设备的能力、辅助存储设备容量和通信/网络设备的能力。这些需求（如以每个计算机硬件资源能力的百分比形式陈述）应包括测试资源使用时所处的条件（若有）。

3.11.3 计算机软件需求

本节应明确 CSCI 必须使用或必须被纳入本 CSCI 计算机软件的需求（若有）。例如，操作系统、数据库管理系统、通信/网络软件、公用软件、输入和设备仿真软件、测试软件和制造软件。需列出每个软件项的正确名称、版本和参考文档。

3.11.4 计算机通信需求

本节应明确 CSCI 必须使用的计算机通信方面的需求（若有）。例如，连接的地理位置、配置和网络拓扑、传输技术、数据传送速率、网关、要求的系统使用时间、被传送/接收数据的类型和容量、传送/接收/响应的时间限制、数据量的峰值以及诊断特性。

3.12 设计和实现约束

本节应明确约束 CSCI 的设计和实现的需求（若有）。这些需求可引用相应的商用或军用标准和规范。相关示例如下：

a）使用一个特定的 CSCI 体系结构，或满足体系结构要求，如所需的数据库或其他软件单元，使用标准或现有的部件，或使用由政府/需方提供的资源（设备、信息或软件）；

b）遵循特定的设计或实现标准，使用特定的数据标准，采用特定的编程语言；

c）为支持技术、威胁或使命方面的预期增长或变化，提供的灵活性和可扩展性。

3.13 人员相关需求

若有，本节应描述与 CSCI 使用或保障人员相关的需求，包括人员数量、技能等级、工作周期、必要培训等信息。例如，允许多少用户同时工作，以及内置的帮助和培训短片等方面的需求；还应包括施加于 CSCI 的人机工程需求（若有），人员的能力与局限性、可预见的人为错误及其严重影响的区域。例如，错误消息的颜色和持续时间、关键指示器或按钮的物理位置以及对听觉信号的使用要求。

3.14 训练相关需求

若有，本节应明确与训练相关的 CSCI 需求，如包括在 CSCI 中的训练软件。

3.15 软件保障需求

本节应明确与软件保障考虑相关的 CSCI 需求（若有），包括对系统维护、软件保障、系统运输方式、补给系统要求以及对现有设施和设备的影响。

3.16 包装需求

本节应明确为了交付而对 CSCI 进行的包装、标记和处理需求（如使用光盘提交，并按规定要求对光盘标记和包装，若有），可引用适用的标准。

3.17 其他需求

本节应明确上述各节未能覆盖的其他 CSCI 需求（若有）。

3.18 需求的优先顺序和关键性

若适用，本节应明确本规格说明中各需求的优先次序、关键性或相对重要性权重。例如对安全性和保密性至关重要的需求应予以特殊标注。若所有需求权重相等，也应如实说明。

4 合格性规定

本章应定义一组合格性检验方法，针对第 3 章中的每个需求规定确定需求得到满足所使用的方法。可用表格形式表述，或为第 3 章中的每个需求注明所使用的方法。合格性检验方法可以包括：

1）演示：依靠可见的功能操作，直接运行本 CSCI 或本 CSCI 的一部分，而不需要使用仪器、专用测试设备或进行事后分析；

2）测试：使用仪器或其他专用测试设备运行本 CSCI 或本 CSCI 的一部分，以便采集数据供事后分析使用；

3）分析：处理从其他合格性检验方法获得的积累数据；

4）审查：对本 CSCI 代码、文档等进行目视检查；

5）特殊的合格性检验方法：任何针对 CSCI 的特殊合格性检验方法，例如专用工具、技术、规程、设施、验收限制。

5 需求可追踪性

本章应描述：

1）从本规格说明中的每个 CSCI 需求，到所涉及的系统/子系统需求的可追踪性。该可追踪性也可以通过对第 3 章中的每个需求进行注释的方法加以描述。

注：每一个层次的系统细化都可能导致需求不能直接追踪到较高层次。例如：一个系统体系结构设计建立了多个 CSCI，可能导出关于这些 CSCI 如何接口的需求，而这些接口需求在系统需求中并没有被涵盖。这样的需求可以被追踪到类似于“系统实现”的一般需求，或被追踪到导致它们产生的系统设计决策。

2）从已分配给本 CSCI 所覆盖的每一个系统/子系统需求，到所涉及的 CSCI 需求的可追踪性。分配给本 CSCI 的全部系统/子系统需求都应加以说明。追踪到《接口需求规格说明》中所包含的 CSCI 需求时，可引用《接口需求规格说明》。

6 注释

本章应包括有助于了解文档的所有信息（例如背景、术语、缩略语或公式）。

9.2.5　软件需求规格说明（面向对象方法）

9.2.5.1　编写目录

1 范围
1.1 标识
1.2 系统概述
1.3 文档概述
2 引用文件
3 需求
3.1 要求的状态和方式
3.2 CSCI 能力需求
3.2.×（CSCI 能力）
3.2.×.1 角色（Actor）说明
3.2.×.2 用况（Use Case）说明
3.2.×.×（其他说明）
3.3 CSCI 外部接口需求
3.3.1 接口标识和接口图
3.3.×（接口的唯一标识符）
3.4 CSCI 内部接口需求
3.5 CSCI 内部数据需求
3.6 适应性需求
3.7 保密性需求
3.8 安全性需求
3.9 CSCI 环境适应性需求
3.10 其他质量特性
3.11 计算机资源需求
3.11.1 计算机硬件需求
3.11.2 计算机硬件资源使用需求
3.11.3 计算机软件需求
3.11.4 计算机通信需求
3.12 设计和实现约束
3.13 人员相关需求
3.14 训练相关需求
3.15 软件保障需求

3.16 包装需求
3.17 其他需求
3.18 需求的优先顺序和关键性
4 合格性规定
5 需求可追踪性
6 注释

9.2.5.2 编写指南

1 范围

1.1 标识

1.2 系统概述

本节应概述本文档适用的系统的用途。它还应描述系统的一般特性（如规模、安全性、可靠性、实时性、技术风险等特性），概述系统开发、运行和维护的历史，标识项目的需方、用户、开发方和保障机构等，标识当前和计划的运行现场，列出其他有关文档。

1.3 文档概述

本节应概述本文档的用途、内容以及相关的保密要求。

2 引用文件

本章应列出引用文档的编号、标题、编写单位、修订版及日期，并对于无法通过正常途径获得的文档，应明确其来源。

3 需求

本章应分为以下小节，规定 CSCI 的需求，这些需求是 CSCI 验收的必要条件。CSCI 需求是基于分配给该 CSCI 的系统需求而制订的软件需求。每条需求应指定项目唯一的标识符，以便确保可测试性和追溯性，而且应以一种能为其定义具体测试对象的方式来描述。同时，每条需求应明确所采用的合格性方法（见第 4 章），还应明确与系统或子系统需求的可追溯性（或在第 5 章给出）。

3.1 要求的状态和方式

如果要求系统在多种状态或方式下运行，并且不同的状态或方式具有不同的需求，则应明确标识并定义每一种状态和方式。状态和方式的可能包括空闲、就绪、活动、事后分析、训练、降级、紧急情况、后备、战时和平时等。可以仅用状态描述 CSCI，也可以仅用方式，或用方式中的状态、状态中的方式或其他有效的方案描述 CSCI。如果不需要多种状态和方式，应如实陈述，而不需要进行人为的区分；如果需要多种状态和/或方式，应使本规格说明中的每个需求或每组需求与这些状态和方式相对应，对应关系可以在本节或本节所引用的附录中，通过表格或其他方式加以指明，也可以在该需求出现的章节中加以说明。

3.2 CSCI 能力需求

本节应逐一列出与 CSCI 各个能力相关的需求，可分为若干小节。“CSCI 能力需求”中的“能力”为一组相关需求，可用“功能”“主题”“目标”或其他适合表示需求的词替代。

3.2.×（CSCI 能力）

本节应标识出所要求的每一个 CSCI 能力，并逐一列出与该能力有关的需求。如果该能力可以更清晰地分解成若干子能力，则应分条对子能力进行说明。需求应详细说明所需的 CSCI 行为，包括适用的参数，如响应时间、吞吐时间、其他时限约束、时序、精度、容量、优先级、连续运行需求和在基本运行条件下允许的偏差；适当时，需求还应包括在异常条件、非许可条件或超限条件下所需的行为，错误处理需求和任何为保证在紧急时刻运行的连续性而引入 CSCI 中的规定。在确定与 CSCI 所接收的输入和 CSCI 所产生的输出有关需求时，应考虑在 3.3.×节给出要考虑的主题列表。

从 3.2.1 节开始编号，用名称和项目唯一标识号标识该 CSCI 的各部分功能，并分小节说明其功能需求。此标题下包括功能概述，它应包含相应的用况（Use Case）图及其说明。

3.2.×.1 角色（Actor）说明

从 3.2.1.1 节开始编号，说明在用况图中出现的每一个角色。

3.2.×.2 用况（Use Case）说明

从 3.2.1.2 节开始编号，分节说明在用况图中出现的所有用况。

3.2.×.×（其他说明）

根据说明的需要从前一小节开始顺延编号，进一步说明功能需求，必要时说明针对本功能的性能、可靠性等需求。

需要说明的内容可能有：

1）业务规则：可以用文字、公式或图表等合适的方式说明；

2）处理流程：可以用时序图、活动图等合适的方式说明；

3）状态变化：可以用状态图等合适的方式说明；

4）特殊需求：说明仅适用于本功能的性能、可靠性、安全性等需求；

5）其他：其他需要说明的内容，表示方式不限。

编写示例：

3.2 CSCI 能力需求

数据收发软件主要功能包括：

1）数据接收功能；

2）协议转换功能；

3）数据发送功能；

4）人机交互功能。

3.2.1 数据接收功能需求

数据收发软件能够捕获各种方式传输的网络数据，支持数据过滤功能，过滤方式包括按源地址（IP 地址、组播地址、端口号、MAC 地址）、按数据传输协议、按指定位置的数据内容等，如下图所示。

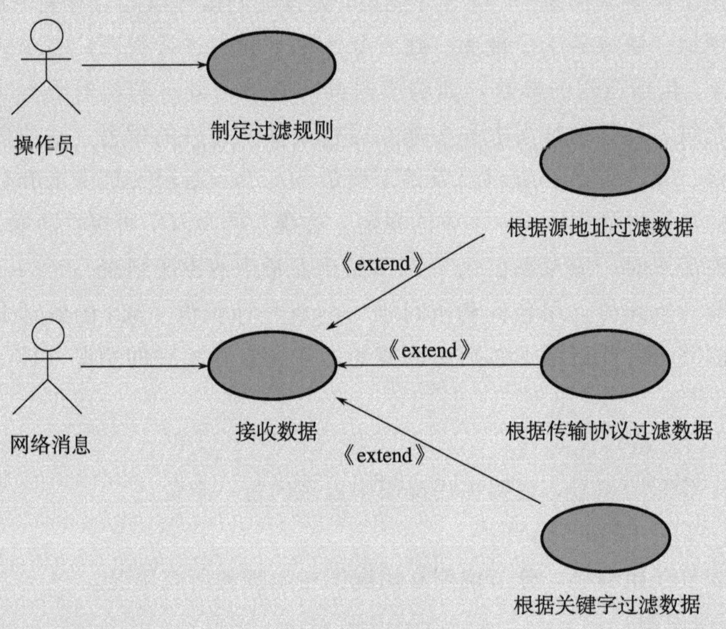

3.2.1.1 角色说明

操作员：制定数据的过滤规则；

网络消息：启动数据收发软件进行数据接收。

3.2.1.2 制定过滤规则的用况说明

用例名：制定过滤规则。

参与者：操作员。

描述：操作员根据需求制定网络消息的过滤规则。

主事件流：

参与者的动作	系统响应
操作员制定关于传输协议的过滤规则，包括选择网络类型、网络协议等	保存当前的规则

异常处理事件：

E1：保存过滤规则时，发生错误。

使用当前规则，提示相关错误信息。

前置条件：软件已启动。

后置条件：过滤规则被保存。

其他需求：无。

重要等级：高。

3.2.1.3 接收数据的用况说明

用例名：接收数据。

参与者：网络消息。

描述：接收数据收发软件所在计算机能收到的全部网络数据。

主事件流：

参与者的动作	系统响应
网络消息发出	接收此网络消息，并进行保存和显示

异常处理事件：

E1：保存网络消息时，发生错误。

不再继续保存，提示相关错误信息。

前置条件：网络消息发出。

后置条件：网络消息被保存。

其他需求：无。

重要等级：高。

3.2.1.4 根据源地址过滤数据的用况说明

用例名：根据源地址过滤数据。

参与者：网络消息、操作员。

描述：操作员制定关于源地址的过滤规则，根据过滤条件对网络消息的源地址进行过滤。

主事件流：

参与者的动作	系统响应
网络消息发出	接收此网络消息，并将满足过滤规则的网络消息进行保存和显示

异常处理事件：

E1：保存网络消息时，发生错误。

不再继续保存，提示相关错误信息。

前置条件：网络消息发出，且过滤条件设定。

后置条件：满足过滤条件的网络消息被保存和显示。

其他需求：无。

重要等级：高。

3.2.1.5 根据传输协议过滤数据的用况说明

用例名：根据传输协议过滤数据。

参与者：网络消息、操作员。

描述：操作员制定关于传输协议的过滤规则，根据过滤条件对网络消息的传输协议进行过滤。

主事件流：

参与者的动作	系统响应
网络消息发出	接收此网络消息，并将满足过滤规则的网络消息进行保存和显示

异常处理事件：

E1：保存网络消息时，发生错误。

不再继续保存，提示相关错误信息。

前置条件：网络消息发出，且过滤条件设定。

后置条件：满足过滤条件的网络消息被保存和显示。

其他需求：无。

重要等级：高。

3.2.1.6 根据关键字过滤数据的用况说明

用例名：根据关键字过滤数据。

参与者：网络消息、操作员。

描述：操作员制定关于关键字的过滤规则，根据过滤条件对网络消息的传输协议进行过滤。

主事件流：

参与者的动作	系统响应
网络消息发出	接收此网络消息，并将满足过滤规则的网络消息进行保存和显示

异常处理事件：

E1：保存网络消息时，发生错误。

不再继续保存，提示相关错误信息。

前置条件：网络消息发出，且过滤条件设定。

后置条件：满足过滤条件的网络消息被保存和显示。

其他需求：无。

重要等级：高。

3.3 CSCI 外部接口需求

本节可分为若干小节，来规定关于 CSCI 外部接口的需求（若有）。本节可引用一个或多个接口需求规格说明（IRS）或包含这些需求的其他文档。

3.3.1 接口标识和接口图

本节应标识所需的 CSCI 外部接口，即与数据涉及共享、提供或交换的其他实体的关系。每个接口的标识应包括项目唯一的标识符，（若适用）并通过名称、编号、版本、引用文档来指明接口实体（系统、配置项、用户等）。该标识需指出哪些实体具有固定的接口特性（同时要给出这些接口实体的接口需求），并说明哪些实体正在开发或修改中（这些实体已有各自的接口需求）。应该通过一张或多张接口图来描述这些接口。

3.3.×（接口的唯一标识符）

从 3.3.2 节开始，本节应通过唯一标识符来标识 CSCI 外部接口，应简要地标识接口实体。根据需要，可分小节描述为实现该接口提出的该 CSCI 的需求。对于该接口所涉及的其他实体的接口特性，应作为假定进行描述，或以“当［未涵盖的实体］执行某操作时，本 CSCI 应该……”的形式叙述，而非作为其他实体的需求。本节可引用其他文档（例如数据字典、通信协议标准、用户接口标准）代替在此描述信息。（若适用）需求应包括以下内容，并以任何适合于需求的顺序给出，还应从接口实体的角度说明这些特性之间的区别（例如，对数据元素的大小、频率或其他特性的不同期望值）：

1）CSCI 分配给该接口的优先级。

2）所实现的接口类型（如实时数据传送、数据的存储和检索等）的特征。

3）CSCI 所提供、存储、发送、访问和接收的各数据元素的特征，例如：

a）名称/标识符：

ⅰ）唯一标识；

ⅱ）非技术名称（自然语言名称）；

ⅲ）数据元素名称（应优先使用标准化的数据元素名称）；

ⅳ）技术名称（如系统中变量名称、数据库字段名称）；

ⅴ）缩略名或同义名。

b）数据类型（字母、数字、整数等）。

c）大小和格式（如字符串的长度）。

d）计量单位（如 m 等）。

e）可能值的范围或枚举（如 0～99）。

f）准确性（正确程度）和精度（有效数字位数）。

g）优先级、定时、频率、容量、序列以及其他约束条件（例如数据元素是否可以被更新、业务规则是否适用）。

h）保密性约束。

i）来源（建立/发送实体）和接收者（使用/接收实体）。

4）CSCI 所提供、存储、发送、访问和接收的数据元素组合体（记录、消息、文件、数组、显示和报表等）的特征，例如：

a）名称/标识符：

ⅰ）唯一标识；

ⅱ）非技术名称（自然语言名称）；

ⅲ）技术名称（如系统中变量名称、数据库字段名称）；

ⅳ）缩略名或同义名。

b）数据元素组合体中的数据元素及数据元素的结构（编号、顺序和成组情况）。

c）介质（例如光盘）以及在介质上数据元素/包的结构。

d）显示和其他输出的视听特性，例如颜色、布局、字体、图标和其他显示元素、蜂鸣音。

e）数据元素组合体之间的关系，如排序/存取特性。

f）准确性（正确程度）和精度（有效数字位数）。

g）优先级、定时、频率、容量、序列以及其他约束条件（例如数据元素是否可以被更新、业务规则是否适用）。

h）保密性约束。

i）来源（建立/发送实体）和接收者（使用/接收实体）。

5）CSCI 所使用的接口通信方法的特性，如：

a）唯一标识符。

b）通信链路/带宽/频率/介质及其特性。

c）消息格式。

d）流控制（如序列编号和缓冲区分配）。

e）周期/非周期传送的数据传送速率，传输间隔。

f）路由、寻址、命名约定。

g）传输服务，包括优先权和等级。

h）安全性/保密性考虑，如加密、用户鉴别、隔离和审核。

6）CSCI 所使用的接口协议的特征，如：

a）唯一标识符。

b）协议的优先级/层次。

c）打包（包括拆包和重新打包）、路由和寻址。

d）合法性检查、错误控制和恢复过程。

e）同步，包括建立连接、保持和终止。

f）状态、标识和其他需要报告的内容。

7）其他要求的特征，例如接口实体的物理兼容性（尺寸、公差、负载和接插件的兼容性等）、电压等。

3.4 CSCI 内部接口需求

本节应明确施加于 CSCI 内部接口的需求（若有）。如果所有内部接口都留待设计时再明确，那么应在此如实陈述。如果施加了这样的需求，应按 3.3 节要求描述。

3.5 CSCI 内部数据需求

本节应明确施加于 CSCI 内部数据的需求（若有），包括对 CSCI 中数据库和数据文件的需求（若有）。如果关于内部数据的所有决策都留待设计时再考虑，那么应在此如实陈述。

3.6 适应性需求

若有，本节应明确与 CSCI 安装相关的数据需求（如场地的经纬度或位置编码），应描述 CSCI 使用要求的运行参数（如与使用相关的目标设置或数据记录等方面参数），这些运行参数可能会根据运行需要而改变。

3.7 保密性需求

若有，本节应明确与维护保密性有关的 CSCI 需求。若适用，这些需求应包括 CSCI 必须在其中运行的保密性环境、所提供的保密性的类型和级别、CSCI 必须经受的保密性风险、减少此类风险所需的安全措施、必须遵循的保密性政策、CSCI 必须具备的保密性责任、保密性认证认可必须满足的准则等。

3.8 安全性需求

若有，本节应明确关于防止或尽可能降低对人员、财产和物理环境产生意外危险的 CSCI 安全性需求。例如包括 CSCI 必须提供的安全措施，以便防止意外动作（例如意外地发出一个“自动导航关闭”命令）和无动作（例如发出“自动导航关闭”命令失败）。

3.9 CSCI 环境适应性需求

若有，本节应明确 CSCI 的运行环境需求，例如运行 CSCI 的计算机硬件和操作系统（对计算机资源的其他需求见 3.11 节）。

3.10 其他质量特性

本节应明确合同规定的或由更高一层规格说明派生出的 CSCI 其他质量特性方面的需求，包括可靠性、测试性、维护性等。

3.11 计算机资源需求

3.11.1 计算机硬件需求

本节应明确 CSCI 必须使用的计算机硬件的需求（若有）。若适合，这些需求应包括各类设备数量，处理机、存储器、输入/输出设备、辅助存储器、通信/网络设备及所需其他设备的类型、大小、容量和其他所需的特征。

3.11.2 计算机硬件资源使用需求

本节应明确 CSCI 计算机硬件资源使用需求（若有），例如：最大允许利用的处理机能力、内存容量、输入/输出设备的能力、辅助存储设备容量和通信/网络设备的能力。这些需求（如以每个计算机硬件资源能力的百分比形式陈述）应包括测试资源使用时所处的条件（若有）。

3.11.3 计算机软件需求

本节应明确 CSCI 必须使用或必须被纳入本 CSCI 计算机软件的需求（若有）。例如，操作系统、数据库管理系统、通信/网络软件、公用软件、输入和设备仿真软件、测试软件和制造软件。需列出每一个软件项的正确名称、版本和参考文档。

3.11.4 计算机通信需求

本节应明确 CSCI 必须使用的计算机通信方面的需求（若有）。例如，连接的地理位置，配置和网络拓扑，传输技术，数据传送速率，网关，要求的系统使用时间，被传送/接收数据的类型和容量，传送/接收/响应的时间限制，数据量的峰值以及诊断特性。

3.12 设计和实现约束

本节应明确约束 CSCI 的设计和实现的需求（若有）。这些需求可引用相应的商用或军用标准和规范。相关示例如下：

a）使用一个特定的 CSCI 体系结构，或满足体系结构要求，如所需的数据库或其他软件单元，使用标准或现有的部件，或使用由政府/需方提供的资源（设备、信息或软件）；

b）遵循特定的设计或实现标准，使用特定的数据标准，采用特定的编程语言；

c）为支持技术、威胁或使命方面的预期增长或变化，提供的灵活性和可扩展性。

3.13 人员相关需求

若有，本节应描述与 CSCI 使用或保障人员相关的需求，包括人员数量、技能等级、工作周期、必要培训等信息。例如，允许多少用户同时工作，以及内置的帮助和培训短片等方面的需求；还应包括施加于 CSCI 的人机工程需求（若有），人员的能力与局限性、可预见的人为错误及其严重影响的区域。例如，错误消息的颜色和持续时间、关键指示器或按钮的物理位置以及对听觉信号的使用要求。

3.14 训练相关需求

若有，本节应明确与训练相关的 CSCI 需求，如包括在 CSCI 中的训练软件。

3.15 软件保障需求

本节应明确与软件保障考虑相关的 CSCI 需求（若有），包括对系统维护、软件保障、系统运输方式、补给系统要求以及对现有设施和设备的影响。

3.16 包装需求

本节应明确为了交付而对 CSCI 进行的包装、标记和处理需求（如使用光盘提交，并按规定要求对光盘标记和包装，若有），可引用适用的标准。

3.17 其他需求

本节应明确上述各条未能覆盖的其他 CSCI 需求（若有）。

3.18 需求的优先顺序和关键性

若适用，本节应明确本规格说明中各需求的优先次序、关键性或相对重要性权重。

例如，对安全性和保密性至关重要的需求应予以特殊标注。若所有需求权重相等，也应如实说明。

4 合格性规定

本节应定义一组合格性检验方法，针对第 3 章中的每个需求规定确定需求得到满足所使用的方法。可用表格形式表述，或为第 3 章中的每个需求注明所使用的方法。合格性检验方法可以包括：

1）演示：依靠可见的功能操作，直接运行本 CSCI 或本 CSCI 的一部分，而不需要使用仪器、专用测试设备或进行事后分析；

2）测试：使用仪器或其他专用测试设备运行本 CSCI 或本 CSCI 的一部分，以便采集数据供事后分析使用；

3）分析：处理从其他合格性检验方法获得的积累数据；

4）审查：对本 CSCI 代码、文档等进行目视检查；

5）特殊的合格性检验方法：任何针对 CSCI 的特殊合格性检验方法，例如专用工具、技术、规程、设施、验收限制。

5 需求可追踪性

本章应描述：

1）从本规格说明中的每个 CSCI 需求到所涉及的系统/子系统需求的可追踪性。该可追踪性也可以通过对第 3 章中的每个需求进行注释的方法加以描述。

注：每一个层次的系统细化都可能导致需求不能直接追踪到较高层次。例如：一个系统体系结构设计建立了多个 CSCI，可能导出关于这些 CSCI 如何接口的需求，而这些接口需求在系统需求中并没有被涵盖。这样的需求可以被追踪到类似于“系统实现”的一般需求，或被追踪到导致它们产生的系统设计决策。

2）从已分配给本 CSCI 所覆盖的每一个系统/子系统需求到所涉及的 CSCI 需求的可追踪性。分配给本 CSCI 的全部系统/子系统需求都应加以说明。追踪到《接口需求规格说明》中所包含的 CSCI 需求时，可引用《接口需求规格说明》。

6 注释

本章应包括有助于了解文档的所有信息（例如背景、术语、缩略语或公式）。

9.2.6　接口需求规格说明

9.2.6.1　编写目录

1 范围

1.1 标识

1.2 系统概述

1.3 文档概述
2 引用文件
3 术语和定义
4 接口说明
4.1 接口示意图
4.×（接口名称和项目唯一标识号）
4.×.1 接口需求
4.×.2 数据要求

9.2.6.2 编写指南

1 范围

1.1 标识

写明本文档的：

1）已批准的标识号；

2）标题；

3）本文档适用的系统和/或 CSCI。

1.2 系统概述

概述本文档所适用的系统和/或 CSCI，标识和描述各接口在系统中的作用。

1.3 文档概述

概述本文档的用途和内容。

2 引用文件

按文档号、标题、编写单位（或作者）和出版日期等，列出本文档引用的所有文件。

3 术语和定义

给出所有在本文档中出现的专用术语和缩略语的确切定义。

4 接口说明

详细说明待开发软件的接口需求。

4.1 接口示意图

描述和标识各 CSCI、HWCI 和本文档适用的各关键项之间的连接关系和接口。为了描述这些接口，应提供一个或多个接口示意图，对每个接口应标识其名称和项目唯一标识号。

4.×（接口名称和项目唯一标识号）

从 4.2 节开始编号。各节要用名称和项目唯一标识号标识一个接口，阐述它的用途，并分小节详细说明对接口的需求以及接口间数据传递的要求。

4.×.1 接口需求

从 4.2.1 节开始编号，各节应规定：

1）与各 CSCI 的连接是并发执行还是顺序执行。若是并发，则规定 CSCI 内部使用的同步方法；

2）接口使用的通信协议；

3）接口的优先级别。

4.×.2 数据要求

从 4.2.2 节开始编号，对每个通过接口的数据元素，应详细说明数据元素定义表（见下表）中的下列信息：

1）数据元素的项目唯一标识号；

2）数据元素的简要描述；

3）数据元素来源于 CSCI、HWCI，还是关键项；

4）数据元素的用户是各个 CSCI、HWCI，还是各关键项；

5）数据元素的度量单位，例如：s（秒）和 m（米）等；

6）数据元素的极限值/值域（若是常数，提供实际值）；

7）数据元素的精度；

8）用有效数字表示的数据元素的精度或分辨率。

数据元素标识号	说明	来源 CSCI	目的地 CSCI	单位	极限值/值域	精度	分辨率
IFA001	速度	CSCI - A	CSCI - B CSCI - C	m/s	20～1 000	+20	10^{-3}
IFA002	方位角	CSCI - A	CSCI - D	rad	0～π/2	+0.05	10^{-3}
IFA003	高度	CSCI - C	CSCI - A CSCI - B CSCI - D	m	0～1 500	+10	10^{-3}

9.2.7　接口设计说明

9.2.7.1　编写目录

1 范围

1.1 标识

1.2 系统概述

1.3 文档概述

2 引用文件

3 接口设计

3.1 接口标识和接口图

3.×（接口的唯一标识符）

4 需求的可追踪性
5 注释

9.2.7.2 编写指南

1 范围

1.1 标识

本节应描述本文档所适用的系统、接口实体和接口的完整标识，适用时，包括其标识号、名称、缩略名、版本号和发布号。

1.2 系统概述

本节应概述本文档适用的系统和软件的用途，阐述系统和软件的一般特性（如规模、安全性、可靠性、实时性、技术风险等特性），概述系统开发、运行和维护的历史，标识项目的需方、用户、开发方和保障机构等，标识当前和计划的运行现场，列出其他有关文档。

1.3 文档概述

本节应概述本文档的用途、内容以及相关的安全保密要求。

2 引用文件

本章应列出引用文档的编号、标题、编写单位、修订版及日期，并对于无法通过正常途径获取的文档，应明确其来源。

3 接口设计

本章应分为以下小节，描述一个或多个系统、子系统、配置项、人工操作或其他系统部件的接口特性。如果设计部分或全部依赖于系统状态或方式，应指明这种依赖关系。如果设计信息出现在若干节中，可表述一次，其他节引用；如果其他文档中给出部分或全部该类信息，在此可以引用。本章应给出或引用需要了解的设计约定。

3.1 接口标识和接口图

对于 1.1 节中所标识的每个接口，本节应描述赋予该接口的项目唯一的标识符，适当时应使用名称、编号、版本和文档引用等标识接口实体（系统、配置项、用户等）。该标识应说明哪些实体具有固定的接口特性（要给出这些接口实体的接口需求），哪些实体正被开发或修改（这些实体已有各自的接口需求）。适当时，可使用一个或多个接口图来描述这些接口。

3.×（接口的唯一标识符）

本节（从 3.2 节开始编号）应通过项目唯一的标识符标识接口，应简要标识接口实体，并且应根据需要分节描述接口实体的单方或双方的接口特性。如果一指定的接口实体没有在 IDD 中提及（例如，一个外部系统），而在本文档描述接口实体时需要提到其接口特征，则这些特征应作为假设进行陈述或以“当［未涵盖的实体］执行某操作时，

[所指定的实体] 将……”的形式描述。本节可引用其他文档（例如，数据字典、协议标准、用户接口标准）代替本节的描述信息。若适用，本设计说明应包括以下内容，可以任何适合于该信息的顺序提供，并应从接口实体角度，说明这些特性之间的区别（例如关于数据元素的大小、频率或其他特性的不同期望值）。

1）接口实体分配给接口的优先级。

2）所实现的接口类型（如实时数据传送、数据的存储和检索等）。

3）接口实体所提供、存储、发送、访问和接收的各数据元素的特征，如：

a）名称/标识符：

ⅰ）唯一标识符；

ⅱ）非技术名称（自然语言名称）；

ⅲ）数据元素名称（应优先使用标准化的数据元素名称）；

ⅳ）技术名称（如系统中变量名称、数据库字段名称）；

ⅴ）缩写名或同义名。

b）数据类型（字母、数字、整数等）。

c）大小和格式（如字符串的长度）。

d）计量单位（如 m）。

e）可能值的范围或枚举（如 0～99）。

f）准确度（正确程度）和精度（有效数字位数）。

g）优先级、时序、频率、容量、序列其他的约束条件，如数据元素是否可被更新，业务规则是否适用。

h）保密性约束。

i）来源（建立/发送实体）和接收者（使用/接收实体）。

4）接口实体所提供存储、发送、访问、接收的数据元素组合体（记录、消息、文件、显示、报表等）的特征，如：

a）名称/标识符：

ⅰ）唯一标识符；

ⅱ）非技术名称（自然语言名称）；

ⅲ）技术名称（如系统中变量名称、数据库字段名称）；

ⅳ）缩写名或同义名。

b）组合体中的数据元素及其结构（编号、顺序、分组）。

c）介质（如光盘）和介质中数据元素/组合体的结构。

d）显示和其他输出的视听特性（如颜色、布局、字体、图标和其他显示元素、蜂鸣声、亮度等）。

e）组合体之间的关系，如排序访问特性。

f）优先级、时序、频率、容量、序列及其他的约束条件，如组合体是否可被修改、业务规则是否适用。

g）保密性约束。

h）来源（建立/发送实体）和接收者（使用/接收实体）。

5）接口实体所使用的接口通信方法的特征，如：

a）唯一标识符。

b）通信链路/带宽/频率/介质及其特性。

c）消息格式化。

d）流控制（如序列编号和缓冲区分配）。

e）周期性/非周期性数据传送的速率、传输间隔。

f）路由、寻址、命名约定。

g）传输服务，包括优先级和等级。

h）安全性/保密性方面的考虑，如加密、用户鉴别、隔离、审核等。

6）接口实体所使用的接口协议的特征，如：

a）唯一标识符。

b）协议的优先级/层次。

c）打包（包括拆包和重新打包）、路由、寻址。

d）合法性检查、错误控制和恢复过程。

e）同步，包括连接的建立、维护、终止。

f）状态、标识和其他需要报告的内容。

7）其他要求的特征，如接口实体的物理兼容性（尺寸、公差、负荷、电压和接插件兼容性等）。

4 需求的可追踪性

本章应描述：

a）从本文档中每个接口实体到相应的系统或计算机软件配置项需求之间的可追踪性；

b）从影响本文档接口的每个系统或计算机软件配置项需求到相应接口实体之间的可追踪性。

5 注释

本章应包括有助于了解文档的所有信息（例如背景、术语、缩略语或公式）。

9.2.8 概要设计说明（结构化方法）

9.2.8.1 编写目录

说明：接口设计的内容可以单独成文。

9.2.8.2 编写指南

1 范围

1.1 标识

写明本文档的：

1）已批准的标识号；

2）标题；

3）本文档适用的 CSCI。

1.2 CSCI 概述

概述本文档所述 CSCI 的目的和用途，指明 CSCI 各外部接口的用途，可使用系统结构图描述 CSCI 和系统中其他 CSCI 的相互关系。

1.3 文档概述

概述本文档的目的和内容。

2 引用文件

按文档号、标题、编写单位（或作者）和出版日期等，列出本文档引用的所有文件。

3 术语和定义

给出所有在本文档中出现的专用术语和缩略语的确切定义。

4 概要设计

分节描述 CSCI 的概要设计。

4.1 CSCI 结构设计

用系统结构图描述 CSCI 的内部结构。把 CSCI 分解成若干个计算机软件部件（CSC）。某些 CSC 可以进一步分解成一个或多个 CSC。必要时，还应说明 CSC 划分的主要策略。

4.2 CSCI 接口设计

4.2.×（接口名称和项目唯一标识号）

从 4.2.1 节开始编号，各节用名称和项目唯一标识号标识一个接口，阐述其用途。

4.2.×.1 数据元素

从 4.2.1.1 节开始编号。对每个通过该接口的数据元素，建立数据元素表，表中要提供下列信息：

1）数据元素的名称和唯一标识号。

2）数据元素的简要描述。

3）数据元素来源于 CSCI、HWCI，还是关键项。

4）数据元素的用户是各个 CSCI、HWCI，还是各关键项。

5）数据元素的测量单位。例如 s（秒）和 m（米）等。

6）数据元素的极限值/值域（若是常数，提供实际值）。

7）数据元素的精度。

8）用有效数字表示的数据元素的分辨率。

9）计算或更新数据元素的频率或周期。例如：10 kHz 或 50 ms。

10）数据元素执行的合法性检查。

11）数据类型，例如整型、ASCⅡ、定长、实型、枚举型等。

12）数据表示/格式。

13）数据元素的优先级。

4.2.×.2 消息描述

从 4.2.1.2 节开始编号，各节用名称和唯一标识号标识通过该接口传递的每一个消息，描述数据元素对各个消息的功用，并提供每个消息与组成该消息的各数据元素间的交叉引用，而且还应提供每个数据元素与各数据元素间的交叉引用。

4.2.×.3 接口优先级

规定该接口的优先级和通过该接口传递的每个消息的相对优先次序。

4.2.×.4 通信协议

从 4.2.1.4 节开始编号，描述与该接口关联的商用、专用的通信协议。

4.2.×.4.×（协议名称）

从 4.2.1.4.1 节开始编号，各小节应给出协议的名称和下列的通信规格细节：

1）消息格式；

2）错误控制和恢复过程，包括故障容错特性；

3）同步，包括建立连接、维持、终止和定时；

4）流控制，包括顺序号、窗口大小和缓冲器分配；

5）数据传输率、周期还是非周期传送以及两次传输的最小时间间隔；

6）路由、地址和命名约定；

7）发送服务，包括优先级和等级；

8）状态、标识、通知单和其他报告特征；

9）安全保密，包括密码、用户授权、安全域划分和审计等。

4.3 CSC 内存和处理时间分配（仅适用于“嵌入式软件”或“固件”）

提供分配给 CSCI 中各 CSC 的内存和处理时间。可以通过一个内存/处理时间量表来描述分配情况（参见下表）。

CSC 名称	CSC 号	内存预算(Words)	分配的处理时间
模式控制	25	1 700	128.0 ms
坐标变换	69	900	156.0 ms
雷达控制	26	3 000	96.0 ms
武器控制	27	2 100	100.0 ms
目标占用	11	1 700	10.0 ms
执行	1	1 200	80.0 ms
数据库	100	2 000	—
总计		12 600	570 ms
可使用总量		16 384	740 ms
留量		3 784	170 ms
余留量(%)		23	23

4.4 CSCI 设计说明

分节描述 CSCI 中各 CSC 的设计，说明需求的落实情况。还应说明安全性分析和设计并标识关键模块的等级。

4.4.×（CSC的名称和项目唯一标识号）

从4.4.1节开始编号，指明CSC的名称、项目唯一标识号以及CSC的功能。提供本CSC的以下设计信息：

1）利用“控制流图”和“数据流图”（必要时可利用“状态图”）来描述每个CSC的概要设计。如果本CSC是由下一级CSC组成的，这个描述应标识与下一级CSC间的相互关系（例如，以类似于CSCI结构图的形式描述）。

2）描述本CSC的功能需求和设计约束（包括在需求规格说明中直接提出的设计约束和其他软件需求展开而获得的间接约束）。

3）必要时，还应说明软件需求对本CSC结构的影响和CSC分解/设计时的主要策略。

4.4.×.×（下一级CSC的名称和项目唯一标识号）

从4.4.1.1节开始编号。标识下一级的各CSC的名称和项目唯一标识号，并应指出它的功能及设计约束。如果没有下一级CSC，就不用写这一节。

5 CSCI数据

描述CSCI中的全局数据结构和数据元素。

5.×（数据结构名称和项目唯一标识号）

从5.1节开始编号，每节定义一个数据结构。说明该数据结构的每个数据元素，可以用表格表示。

1）对CSCI内部使用的全局数据元素应提供下列信息：

a）数据元素的名称和唯一标识号；

b）数据元素的简要描述；

c）数据元素的度量单位，例如：km、s、m等；

d）数据元素的极限值/值域（对常数要给出实际值）；

e）数据元素要求的精度；

f）有效数字表示的精度/分辨率；

g）对于实时系统，要给出计算或更新该数据元素的频率，例如：10 kHz、50 ms等；

h）数据元素的合法性检查；

i）数据类型，例如整型、ASCⅡ码、定长、实型、枚举型等；

j）数据表示/格式；

k）提供数据元素的数据源。例如：数据库或数据文件、全局公用块、局部公用块以及参数等。每个数据源都要用它的项目唯一标识号标识。

2）对CSCI外部接口的数据元素应提供下列信息：

a）数据元素名称和唯一标识号；

b）用名称和项目唯一标识号标识接口；

c）被引用的外部接口的接口设计文档。

6 CSCI 数据文件

描述 CSCI 的各个共享数据文件。

6. ×（数据文件名称和项目唯一标识号）

从 6.1 节开始编号，用名称和项目唯一标识号标识被多个 CSC 共享的 CSCI 数据文件。应描述数据文件的用途、结构和访问方法。例如：随机的或顺序的访问等。

7 追踪关系

要提供从分配给每个 CSC 的需求到“软件需求规格说明”的可追踪性，并将追踪情况填写到下表中。

下表中的“软件设计项”是本文档中设计的一个或几个 CSC，它们共同完成“软件需求项”提出的要求。

序号	软件需求项		软件设计项	
	名称	软件需求规格说明的章、节号	名称	软件设计文档的章、节号

9.2.9 概要设计说明（面向对象方法）

9.2.9.1 编写目录

1 范围

1.1 标识

1.2 CSCI 概述

1.3 文档概述

2 引用文件

3 术语和定义

4 体系结构设计

4.1 逻辑视图

4.1.1 层次分解

4.1.2 模块说明

4.1.2. ×（包/类名称和项目唯一标识号）

4.2 进程视图

4.2.1 进程结构

4.2.2 进程说明

4.2.2.×（进程名称和项目唯一标识号）
4.3 实现视图
4.3.1 概述
4.3.2 构件说明
4.3.2 .×（构件名称）
4.4 部署视图
5 CSCI 数据
5.1 软件配置数据设计
5.2 数据文件设计
5.3 数据库设计
6 追踪关系

9.2.9.2 编写指南

1 范围
1.1 标识
写明本文档的：
1）已批准的标识号；
2）标题；
3）本文档适用的 CSCI。
1.2 CSCI 概述
概述本文档所述 CSCI 的目的和用途。
1.3 文档概述
概述本文档的目的和内容。
2 引用文件
按文档号、标题、文档编写单位（或作者）和文档出版日期等，列出本文档引用的所有文件。
3 术语和定义
本章给出所有在本文档中出现的专用术语和缩略语的确切定义。
4 体系结构设计
4.1 逻辑视图
逻辑视图采用体系结构设计元素描述系统，这些设计元素包括：
1）封装有关问题域的模块；
2）被其他模块使用的模块；
3）封装了系统主要机制（服务）的模块；

4）设计工作需要的模块，例如存储管理、通信机制、错误处理、显示/接口机制、参数化机制等；

5）通过接口提供支持的第三方模块，例如操作系统、数据库、GIS 等；

6）对性能有重要影响的模块，例如启动顺序、在线更新、关键算法等。

这里的模块表示的是包或类。

4.1.1 层次分解

按照包层次结构描述系统的组成，从顶层开始逐层分解，描述每个设计元素的组成和设计元素之间的关系，最终分解到类为止。

4.1.2 模块说明

4.1.2.×（包/类名称和项目唯一标识号）

从 4.1.2.1 节开始，描述每一个设计元素，对于包和类一般有以下内容：

1）名称；

2）用图形表示包内关系，包括：

a）输入；

b）输出；

c）特性。

3）内容描述。

4.2 进程视图

进程视图描述系统的进程结构，每一个进程都需要说明。这里的进程包括独立的进程和进程内具有体系结构特性的线程，文档中可根据实际情况统称为进程或线程。

4.2.1 进程结构

描述系统的进程结构，进程之间的关系。

4.2.2 进程说明

4.2.2.×（进程名称和项目唯一标识号）

从 4.2.2.1 节开始编号，描述每个进程的有关信息，通常有以下内容：

1）进程名称；

2）实现的功能；

3）生命周期；

4）相关进程；

5）进程间交互机制（进程间通信和同步方式等）；

6）图形说明（状态图、交互图或活动图等）。

4.3 实现视图

本节描述构成软件系统的构件及其关系，以及每个构件所分配的设计元素。

4.3.1 概述

用构件图描述实现软件的构件，以及构件之间的关系。这些构件可以是可执行程序、运行库、源程序文件等，也可以是其他管理信息。

4.3.2 构件说明

4.3.2.×（构件名称）

从 4.3.2.1 节开始编号，描述每个构件，一般有以下信息：

1）构件名称；

2）构件实现的子系统和输入依赖关系；

3）构件包括的设计元素。

4.4 部署视图

本节描述部署视图，包含运行软件的硬件环境，分配给每个物理节点的任务（来自于进程视图）。

如果存在多种物理配置方式，应描述一种主要的配置方式，并说明有关的配置规则。

5 CSCI 数据

描述本 CSCI 需要用到的数据。

5.1 软件配置数据设计

如果本 CSCI 使用了配置数据，在此描述设计内容，例如注册表设计、配置文件设计等。

5.2 数据文件设计

如果本 CSCI 使用了数据文件，在此描述数据文件的设计，包括名称、格式、内容、作用以及操作者等信息。

5.3 数据库设计

如果本 CSCI 使用数据库，可以单独编写“数据库设计说明”。也可以在本文档中描述数据库设计内容。

6 追踪关系

提供分配给每个包的需求到“软件需求规格说明”的可追踪性，可追踪性填写到下表中。

表中的“软件需求项”是“软件需求规格说明”中的某项需求。

表中的“软件设计项”是本文档中设计的一个或几个包，它们共同完成“软件需求项”提出的要求。

序号	软件需求项		软件设计项	
	名称	软件需求规格说明的章、节号	名称	软件设计文档的章、节号

9.2.10　详细设计说明（结构化方法）

9.2.10.1　编写目录

1 范围
1.1 标识
1.2 CSCI 概述
1.3 文档概述
2 引用文件
3 术语和定义
4 详细设计
4.×（CSC 的名称和项目唯一标识号）
4.×.×（CSU 的名称和项目唯一标识号）
4.×.×.1（CSU 的名称）设计及约束
4.×.×.2（CSU 的名称）设计
5 追踪关系

9.2.10.2　编写指南

1 范围

1.1 标识

写明本文档的：

1）已批准的标识号；

2）标题；

3）本文档适用的 CSCI。

1.2 CSCI 概述

概述本文档所适用的 CSCI 的用途。

1.3 文档概述

概述本文档的目的和内容。

2 引用文件

按文档号、标题、编写单位（或作者）和出版日期等，列出本文档引用的所有文件。

3 术语和定义

给出所有在本文档中出现的专用术语和缩略语的确切定义。

4 详细设计

分节描述每个 CSC 的详细设计。

4.×（CSC 的名称和项目唯一标识号）

从 4.1 节开始编号，分节标识和描述 CSC 中的各计算机软件单元（CSU）。利用 CSU 间的控制流图和数据流图描述 CSU 间的关系。

4.×.×（CSU 的名称和项目唯一标识号）

从 4.1.1 节开始编号，标识 CSU 的名称和项目唯一标识号，并指出 CSU 的功能。

4.×.×.1（CSU 的名称）设计及约束

从 4.1.1.1 节开始编号，指出各 CSU 的设计需求和所有约束条件。在本节定义的设计需求中应包括接口的设计需求。

4.×.×.2（CSU 的名称）设计

从 4.1.1.2 节开始编号，给出 CSU 的设计。如果 CSU 不是用 CSCI 指定的程序设计语言编写，那么要说明使用的程序设计语言。下面将为 CSU 提供详细的设计信息，这些信息可以通过自动化设计工具或其他技术表达。例如：可用程序设计语言、程序流程图或其他详细设计工具来表示它们。详细设计信息包括：

1）输入/输出数据元素；

2）局部数据元素；

3）中断和信号；

4）算法；

5）错误处理；

6）数据转换；

7）逻辑流程图；

8）数据结构；

9）局部数据文件和数据库；

10）限制和约束；

11）其他（CSU 的代码行、McCabe 复杂度估计等）。

5 追踪关系

提供从详细设计到概要设计的可追踪性，并将追踪情况填写到下表中。

序号	软件概要设计项		软件详细设计项	
	名称	软件概要设计说明的章、节号	名称	软件详细设计说明的章、节号

9.2.11 详细设计说明（面向对象方法）

9.2.11.1 编写目录

1 范围
1.1 标识
1.2 CSCI 概述
1.3 文档概述
2 引用文件
3 术语和定义
4 设计说明
4.×（类的名称和项目唯一标识号）
4.×.1（类的名称）简述
4.×.2（类的名称）属性
4.×.3（类的名称）操作
4.×.4（类的名称）静态特性
4.×.5（类的名称）动态特性
5 追踪关系

9.2.11.2 编写指南

1 范围

1.1 标识

写明本文档的：

1）已批准的标识号；

2）标题；

3）本文档适用的 CSCI。

1.2 CSCI 概述

概述本文档所述 CSCI 的目的和用途。

1.3 文档概述

概述本文档的目的和内容。

2 引用文件

按文档号、标题、文档编写单位（或作者）和文档出版日期等，列出本文档引用的所有文件。

3 术语和定义

本章给出所有在本文档中出现的专用术语和缩略语的确切定义。

4 设计说明

4.×（类的名称和项目唯一标识号）

从4.1节开始编号，分小节描述类的特征，类包括实体类、接口、虚拟类、关联类等。

对于直接使用的第三方模块，只需描述其功能、接口和其他必要的特征，可不需要下列章节。

以下各小节是对一个普通类的全集进行说明，设计具体的类时可根据情况适当裁减。

4.×.1（类的名称）简述

描述该类的基本特征，包括但不限于以下信息：

1）类的类型，普通类、虚拟类、关联类或接口等；

2）类的设计目的和作用；

3）类的纵向关系，说明父类、实现的接口等；

4）类的横向关系，说明与其他类的关联、调用或依赖等关系。

4.×.2（类的名称）属性

采用合适的方式描述该类的数据成员。根据需要可以对每个数据成员提供下列信息：

1）名称；

2）作用及目的描述；

3）数据类型，例如整型、实型、字符串、数组、对象等；

4）可访问性：类变量或对象变量；公有、保护或私有，其中，公有又分为读写、只读或只写类型；

5）数据元素的量化单位和值域（若是常数，提供实际值）；

6）数据元素的精度；

7）数据元素执行的合法性检查；

8）其他。

4.×.3（类的名称）操作

描述该类的成员函数。根据需要可以对每个成员函数提供下列信息：

1）名称；

2）类型：如果是特殊类型的操作，比如对应一个线程的执行体，需要特别指明；

3）功能描述；

4）可访问性，公有、保护或私有，并说明是类函数还是对象函数；

5）输入参数描述；

6）输出参数描述：输入、输出参数包括名称、作用、数据类型、取值范围、数据元素执行的合法性检查；

7）处理及算法，可以用公式、活动图或逻辑流程图等描述；

8）异常处理等。

4.×.4（类的名称）静态特性

本节主要针对数据文件或数据库的包装类设置，详述数据成员和数据文件、数据库表及其字段的对应关系，可以用表格的形式描述。

4.×.5（类的名称）动态特性

必要时描述该类的状态机。

5 追踪关系

序号	软件概要设计项		软件详细设计项	
	名称	软件概要设计说明的章、节号	名称	软件详细设计说明的章、节号

9.2.12　数据库设计说明

9.2.12.1　编写目录

1 范围
1.1 标识
1.2 系统概述
1.3 文档概述
2 引用文件
3 术语和定义
4 数据库概要设计
5 数据库详细设计
5.1 概念数据库设计
5.2 逻辑数据库设计
5.3 物理数据库设计
6 对数据库访问和操作的软件单元设计
6.×（CSU 的名称及项目唯一标识号）
7 追踪关系

9.2.12.2 编写指南

1 范围

1.1 标识

写明本文档的：

1）已批准的标识号；

2）标题；

3）本文档适用的数据库以及产生本数据库设计的更高层的 CSCI。

1.2 系统概述

概述本文档所适用的系统或 CSCI 的用途。

1.3 文档概述

概述本文档的用途和内容。

2 引用文件

按文档号、标题、编写单位（或作者）和出版日期等，列出本文档引用的所有文件。

3 术语和定义

给出所有在本文档中出现的专用术语和缩略语的确切定义。

4 数据库概要设计

描述进行数据库全面设计的主要考虑，重点在于数据库的特征设计，这些特征是从用户角度出发，旨在满足其需求，而非具体的内部实现细节。同时，还需阐述其他影响进一步设计的相关因素。可以分节详细讨论影响需求的关键设计考量，例如实时性、安全性和完整性等。此外，还需考虑依赖系统状态和模式的设计因素。对于已在商用 DBMS 或其他文档中详细阐述的考虑因素，可适当引用。同时，也可引用或描述一些必须了解的设计惯例。以下是设计约束的要点概述：

1）针对查询和数据库输入/输出（显示、报告、消息及响应等）的考虑，需包括与其他系统、硬件组件、计算机软件接口（HWCI、CSCI）及使用者的接口设计；

2）对于每个输入或查询的响应，需考虑活动响应时间及其他特征、选择的方法/规则、处理流程以及非法输入的处理机制；

3）数据库/数据文件的呈现方式需符合使用者需求（见“5 数据库详细设计”）；

4）选择数据库管理系统（包括具体名称及版本）的理由，以及该系统对需求的适应性考量；

5）操作层次和类型、安全性（包括系统保护机制、授权机制）及连续性方面的设计考量；

6）数据库分布策略（例如客户/服务器模式）、主数据库文件更动和维护，包括维护数据一致性、建立和维护同步机制以及增强完整性方面的考量；

7）备份和恢复策略的设计，包括数据和处理分布的策略；

8）数据库重组、排序、索引、同步和一致性维护，以及自动磁盘管理、空间回收优化策略、内存和使用空间管理、数据库的总数管理以及非法数据捕获方面的考量。

5 数据库详细设计

本章将详细描述数据库的详细设计。

5.1 概念数据库设计

分别阐述各数据库/数据库组成部分（指功能上相对独立的数据元素组合）的设计：

1）模式设计：利用实体关系图（ER 图）或扩展实体关系图（EER 图）描述该数据库组成部分的实体、关系及约束等；

2）事务设计：定义该数据库组成部分所完成的事务功能，详细说明事务的输入、输出及其功能；

3）其他设计：分析其他软件需求对数据库设计的影响，并提出相应的应对策略。

5.2 逻辑数据库设计

在概念数据库的基础上，构建出满足用户需求的、具有一定程度规范化的关系模式，并对完整性、安全性进行明确定义。

详细阐述逻辑数据库中各个表、字段，以及表之间的关联关系：

1）对每个数据库对象（包括表、查询等），描述其名称/标识号、表中各字段及其结构（包括顺序、编号、键属性）、保密级别和访问权限等信息；

2）对表中的每个字段，详细说明其名称/标识号、数据类型、格式、尺寸、度量单位、取值范围、缺省值、有效性校验规则、精度、保密级别和访问权限等属性；

3）对表之间的关联关系，阐述其名称/标识号、相关表的名称/标识号、关系类型、完整性约束、连锁更新规则、连锁删除规则等。

5.3 物理数据库设计

在逻辑数据库的基础上，为每个关系模式选择恰当的存储结构和存取策略。对于商用数据库管理系统已提供的描述，可以仅作为引用。

6 对数据库访问和操作的软件单元设计

详细描述用于访问和操作数据库的软件单元。若在其他文档（如软件设计文档）中已有详细阐述，则仅作为引用。同时，需明确这些设计是否依赖于系统的状态和模式。

6.×（CSU 的名称及项目唯一标识号）

对 CSU 说明包含以下信息：

1）CSU 设计的考虑因素，采用的方法等；

2）设计中的约束、限制或特殊特征；

3）编程语言（若非 CSCI 指定的语言）；

4）如果 CSU 中嵌入有过程命令（如 DBMS 菜单定义的 FORM 或报告、在线 DBMS 查询、图形用户界面（GUI）上的代码生成器、操作系统命令等），需列出过程命令的清单或引用相关文档；

5）若 CSU 涉及接收或输出的数据、其他数据元素以及数据元素组合，则需将 CSU 的输入/输出数据与其他数据分开描述。也可引用接口设计文档，清楚地阐述 CSU 与数据库之间的接口信息；

6）若 CSU 包含访问数据库及其他 CSU 的逻辑判断，则需写明：

a）初始化时，CSU 中的有效条件；

b）控制转移到其他 CSU 的条件；

c）每个输入的响应及响应时间，包括数据转化、重命名和数据传输操作；

d）CSU 的操作顺序和动态控制流程；

e）异常和错误处理机制。

7 追踪关系

1）本文档所提及的数据库或 CSU 与系统或 CSCI 需求之间的可追踪性；

2）由系统或 CSCI 需求分配给数据库或 CSU 的可追踪性。

9.2.13　测试计划

9.2.13.1　编写目录

1 范围

1.1 标识

1.2 系统概述

1.3 文档概述

1.4 与其他计划的关系

2 引用文档

3 软件测试环境

3.×（测试现场名称）

3.×.1 测试环境概述

3.×.2 软件项

3.×.3 硬件和固件项

3.×.4 其他材料

3.×.5 所有者的特性、需方权利和许可证

3.×.6 安装、测试和控制

3.×.7 测试环境的差异性分析和有效性说明

3.×.8 参与组织

3.×.9 人员及分工

3.×.10 人员培训

3.×.11 要执行的测试
4 测试标识
4.1 一般信息
4.2 计划执行的测试
5 测试进度
6 测试终止条件
7 需求的可追踪性
8 注释

9.2.13.2　编写指南

1 范围

1.1 标识

本节应描述本文档适用的系统和软件的完整标识，适用时，包括其标识号、名称、缩略名、版本号和发布号。

1.2 系统概述

本节应概述本文档适用的系统和软件的用途，阐述系统和软件的一般特性（如规模、安全性、可靠性、实时性、技术风险等特性），概述系统开发、运行和维护的历史，标识项目的需方、用户、开发方和保障机构等，标识当前和计划的运行现场，列出其他有关文档。

1.3 文档概述

本节应概述本文档的用途、内容以及相关的安全保密要求。

1.4 与其他计划的关系

本节应描述本计划（STP）与其他项目管理计划之间的关系（若有）。

2 引用文档

本章需列出引用文档的编号、标题、编写单位、修订版次及日期，并提供无法通过正常渠道获取的文档的来源信息。

3 软件测试环境

本章应分为以下小节，描述每个预期测试现场的软件测试环境，可引用软件开发计划中有关资源方面的描述。

3.×（测试现场名称）

本节应标识测试所用的测试现场。如果多个测试现场使用相同或类似的软件测试环境，可集中进行描述，各测试现场引用。

3.×.1 测试环境概述

对测试环境进行简单概述，通常需给出测试环境的拓扑示意图。

3.×.2 软件项

本节需按名称、编号和版本列出在测试现场测试活动所需的软件项（如操作系统、编译程序、通信软件、应用软件、数据库、输入文件、代码检查程序、动态路径分析程序、测试驱动程序、预处理程序、测试数据产生程序、测试控制软件、其他专用测试软件），并说明每个软件项的用途、介质（光盘、磁盘等），标识需现场提供的软件项，以及相关的保密处理或其他保密性要求。

3.×.3 硬件和固件项

本节需按名称、编号和版本描述测试现场的软件测试环境中使用的计算机硬件、接口设备、通信设备、测试数据整理设备、外围设备（磁带机、打印机、绘图仪）、测试消息生成器、测试计时设备、测试事件记录仪等装置和固件项，说明每项的用途、使用时间与数量，标识需现场提供的项，以及相关的保密处理或其他保密要求。

3.×.4 其他材料

本节应描述测试现场执行测试所需的其他材料，包括手册、软件清单、被测软件的介质、测试数据的介质、输出样本清单及其他表格或说明。应标识需交付给现场的项和期望现场提供的项（若适用），并说明材料的类型、布局和数量，以及相关的保密处理或其他保密要求。

3.×.5 所有者的特性、需方权利和许可证

本节应描述与软件测试环境中每个元素相关的所有者的特性、需方权利与许可证等要求。

3.×.6 安装、测试和控制

3.×.7 测试环境的差异性分析和有效性说明

3.×.8 参与组织

3.×.9 人员及分工

3.×.10 人员培训

3.×.11 要执行的测试

4 测试标识

4.1 一般信息

4.1.1 测试级别

本节应描述要执行的测试的级别，例如 CSCI 级或系统级。

4.1.2 测试方法

本节应描述要执行的测试的方法（例如静态测试、黑盒动态测试等）。

4.1.3 测试类别

本节应描述要执行的测试类型或类别（例如功能测试、性能测试、容量测试）。

4.1.4 一般测试条件

本节应描述适用于所有测试或一组测试的条件，例如，“每个测试应包括额定值、最大值和最小值”“每种类型的测试应运用真实数据”“应测量每个 CSCI 执行的规模与时间”，并阐述要执行的测试程度及其选择依据。测试程度应表达为占某个已明确定义总量的百分比或其他抽样方法（如离散操作条件或取值，或者样本的数量），还应包括再测试/回归测试所遵循的路径。

4.1.5 测试进展

本节应阐明在渐进测试或累积测试情境下，计划的测试顺序或进展。

4.1.6 数据记录、整理和分析

本节应标识并描述在本 STP 中指定的测试期间和测试后要使用的数据记录、整理和分析规程。（若适用）这些规程包括记录测试结果、将原始结果转化为适合评价的形式以及可能采用的手工、自动和半自动技术来保留数据整理与分析结果等。

4.2 计划执行的测试

4.2.×（测试项）

本节应使用名称和项目唯一标识符来标识 CSCI、子系统、系统或其他实体等测试项；并应分为以下小节，来描述对测试项所计划的测试。

4.2.×.×（测试的唯一标识符）

本节应使用项目唯一的标识符标识一个测试，并为该测试提供下述测试信息。

1）测试对象；

2）测试级别；

3）测试方法；

4）测试类型或类别；

5）需求规格说明中所规定的合格性检验方法；

6）本测试涉及的 CSCI 需求标识符和（若适用）软件系统需求标识符；

7）特殊需求（例如，设备需连续工作 48 小时、武器模拟、测试程度、特殊输入或数据库使用）；

8）要记录的数据类型；

9）要采用的数据记录/整理/分析的类型；

10）假设与约束，例如由于系统或测试条件（诸如时间、接口、设备、人员、数据库等）原因而对测试产生的预期限制；

11）与测试有关的安全性和保密性考虑。

5 测试进度

本章应包含或引用实施本计划中所标识测试的进度表。包括：

1）测试现场清单，以及各测试现场预计的时间段；

2）每个测试现场的进度表，（若适用）可按时间顺序描述以下所列活动与事件，根据需要可增加补充性说明；

a）现场测试的时间和分配给重要测试部分的时间；

b）现场测试前，用于搭建软件测试环境和其他设备、进行系统调试、定向培训和熟悉工作等的时间；

c）测试所需的数据库/数据文件的值、输入值和其他运行数据等的收集；

d）实施测试，包括计划中的再测试；

e）软件测试报告（STR）的准备、评审和批准等。

6 测试终止条件

本章应描述被测软件的评价准则和方法，以及终止测试的条件。

7 需求的可追踪性

本章应描述：

a）从本计划所标识的每个测试到它所涉及的CSCI需求和（若适用）软件系统需求的可追踪性（此可追踪性也可在4.2.×.×节中提供，而在此引用）。

b）从本测试计划所覆盖的每个CSCI需求和（若适用）软件系统需求到涉及它的测试的可追踪性。这种可追踪性应涵盖所有适用的软件需求规格说明（SRS）和相关接口需求规格说明（IRS）中的CSCI需求；对于软件系统，还应涵盖所有适用的系统/子系统规格说明（SSS）及相关系统级IRS中的系统需求。

8 注释

本章应包括有助于了解文档的所有信息（例如背景、术语、缩略语或公式）。

9.2.14 测试大纲

9.2.14.1 编写目录

1 测评依据

1.1 测评任务来源

说明软件测评任务的来源及相关方信息。任务来源主要包含任务发布的时间、发布机关、文号和文件名称等详细信息，相关方信息则涵盖任务委托方、研制单位及测评机构等及其各自的地址、联系人和联系方式等关键信息。

1.2 依据文件

列出研制要求、试验总方案、软件测试要求或测评总体方案，以及适用的国家标准、行业标准及软件开发文档等，同时注明相关文件的名称、编号/版本号、发布日期和来源等。

2 测评性质

说明软件测评任务的性质。

3 测评目的

说明软件测评的目的。

4 测评时间和地点

说明软件测评活动的主要时间节点和地点。

5 测评对象及环境

5.1 测评对象

针对软件系统，说明被测软件系统的用途、部署方式、运行流程、组成及接口、主要功能性能指标等。同时，介绍被测软件所属的系统/子系统/设备以及软件系统的组成和基本信息，包括软件所在系统/子系统/设备名称、接口、与软件相关的主要功能性能等指标。列出被测软件配置项的名称、类型、重要/安全等级、运行环境、开发环境、编程语言、版本、代码规模、演化历史及研制单位等详细信息。

5.2 软硬件环境

说明测评工作所需的软硬件环境，主要包括：

1）整体结构。说明测评工作所需的软硬件环境的整体结构，如需建立网络环境，还需说明网络的拓扑结构和配置。

2）软硬件资源。主要包括：

a）测评工作所需的系统软件、支撑软件以及测评工具等，包括各软件项的名称、版本、用途等信息；说明测评工作所需的计算机硬件和固件项等，包括各硬件设备的名称、配置、用途等信息；

b）若测评工作需用非测评机构的软硬件资源，应加以说明。

5.3 测评数据

说明测评工作所需的真实或模拟数据，包括数据的规格、数量、密级等信息。

5.4 测评环境差异影响

分析测评环境中的软硬件环境及其场所和数据与研制要求、试验总方案、软件测试要求或测试总体方案、系统规格说明、软件需求规格说明及其他等效文档要求的差异，并评估这些差异可能对测评结果产生的影响。

6 测评要求、内容及方法

6.1 测评总体要求

明确本次软件测评的范围、测试级别、测试类型、测评策略等总体要求。若未对全部要求的软件进行测评，需说明未列入测评范围的原因。如果对测试要求或合同中规定的必须开展的测试类型进行裁剪，也应进行说明。

6.2 测试项及方法

按照测试级别、测试对象、测试类型对测试项及子测试项进行分类说明，通常涵盖测试项的命名、标识、测试内容、测试方法、测试充分性要求、通过准则以及优先级等内容。

6.3 测评内容充分性及方法有效性分析

建立测试项及子测试项与研制要求、合同、软件测试要求或测试总体方案、软件开发文档及其他等效文档之间的追踪关系，可采用表格进行展示，或在附录中进行描述。

对设计的测试项进行充分性评估，对采用的测试方法进行有效性分析，并阐述测试内容是否涵盖研制要求、试验总方案、软件测试要求或测试总体方案、软件开发文档及其他等效文档规定的明确和隐含要求。

6.4 评价内容及方法

阐述软件测评的评价内容和评价方法，重点对被测软件的需求符合性和软件质量进行评价。

6.5 问题类别及等级

明确软件测评采用的软件问题分类方法及严重性等级划分。

6.6 测评通过准则

阐述被测软件通过测评的具体准则。

6.7 测评数据采信

此部分为可选要素。阐述测评数据采信的原则、需求及相关分析要点。

7 测评度量数据及采集要求

明确本次软件测评需采集的度量数据及采集要求。

8 测评暂停、恢复与终止

阐述本次软件测评暂停、恢复与终止的具体条件。

9 测评组织及任务分工

列出测评组织单位和参试单位，明确测评组织形式和任务分工，并详细说明测评项目组的岗位构成、职责划分及人员分工情况。

10 测评保障

10.1 测评条件保障

阐述测评条件保障单位、保障内容及要求等相关信息。

10.2 配置管理

明确测评过程中的配置保证范围、活动安排、具体措施和相关资源。

10.3 质量保证

阐述测评过程中的质量保证范围、活动安排、具体措施和相关资源。

10.4 测评风险分析

从进度、技术、人员、资源等方面全面分析本次测评任务风险，并提出相应的应对措施。

10.5 测评分包

此部分为可选要素。阐述分包的测评内容、测评环境、质量与进度要求，以及分包单位的软件的测评资质、相关人员的分工情况，同时对分包单位测评过程的质量监督、指导措施等进行说明。

11 测评安全与保密

明确测评过程中的安全及保密要求。

12 有关问题说明

阐述需要说明的事项。一般包括：

1）测评方法与标准方法差异；

2）有关综合性试验项目；

3）其他需要说明的事项。

13 附录

此部分为可选要素。主要是对正文内容的补充和说明，包括术语、缩略语与研制要求等的追踪关系等。

9.2.14.2　编写指南

1 测评依据

1.1 测评任务来源

依据×部发布的××号《××软件测试要求》，由××软件承担××软件测评任务。

测评任务委托方：××单位；地址：××市××路××号；联系人及联系方式：×××××。

研制单位：××所；地址：××市××路××号；联系人及联系方式：×××××。

测评机构：××；地址：××市××路××号；联系人及联系方式：×××××。

1.2 依据文件

大纲编制的依据文件见下表。

序号	文件/标准名称	标识	发布日期	来源
1	××研制要求	××号	××年××月	××××部
2	××软件测试要求	××号	××年××月	××
3	软件测评通用要求	××号	××年××月	××××部
4	软件测评指南	××号	××年××月	××××部
5	软件测评大纲和报告编制指南	××号	××年××月	××××部
6	依据的国家标准××	GB ××—20××	××年××月	××××部
7	依据的总体或软件开发文档	××(V×.×)	××年××月	××××单位

2 测评性质

本次测评任务的性质为软件测评。

3 测评目的

发现并协助纠正软件问题缺陷，考核××软件功能性能指标是否满足规定的需求，对软件的边界性能及性能底数进行摸底，验证软件是否符合使用要求及软件在典型业务场景下的适应性，为软件确认、验收以及软件质量评估、能力评估等提供依据。

4 测评时间和地点

测评时间周期：××年××月至××年××月。

测评地点：静态测试在××省××市××单位、动态测试在××省××市××单位。

测评主要时间节点及地点见下表。

序号	测评工作	时间	地点
1	测评大纲编制	××年××月至××月	××市××单位
2	测评大纲评审	××年××月至××月	××市××单位
3	测评设计与实现	××年××月至××月	××市××单位
4	测评执行	××年××月至××月	××市××基地
5	测评总结	××年××月至××月	××市××单位
6	测评总结评审	××年××月至××月	××市××单位

5 测评对象及环境

5.1 测评对象

××系统由××软件、××软件等组成，系统组成及接口图如下图所示，接口信息见下表，软件信息表见下表。系统主要功能为××，性能指标包括××，系统部署在××，系统运行流程为××。

××软件驻留/部署在××，主要功能为××，其性能指标为××。

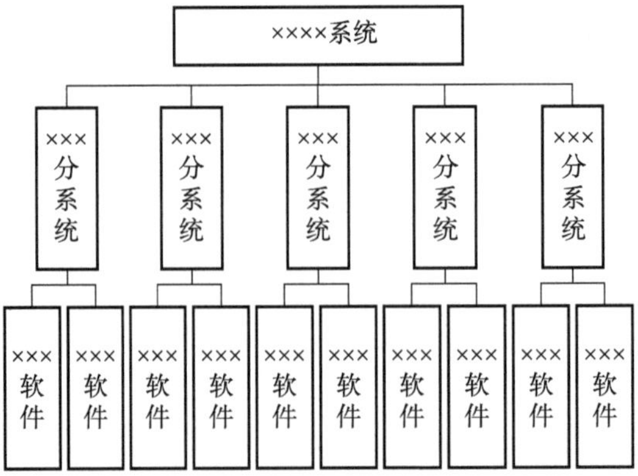

序号	接口名称	接口标识	发送方	接收方	接口类型	数据内容
1	××接口	JK01	××设备	××设备	RS422	××转速信号
2	……					

序号	软件所在子系统/设备名称	软件名称	软件类型	重要/安全等级	运行环境	开发环境	编程语言	版本	代码规模	研制单位
1	××系统	××软件	新研	B/重要	AcoreOS	LambdaAE	C	V×.×	总规模：××行 有效规模：××行	××单位
2	……									

注：如有多个配置项组成的复杂软件系统，也可分章节概述说明。

5.2 软硬件环境

5.2.1 测评环境说明

本次软件测评环境如下图，其主要由××设备（驻留××软件）、××设备、××等组成。其中，××设备为被测软件所驻留的设备，××为真实陪测件，××用来仿真被测设备与陪测件间的通信。

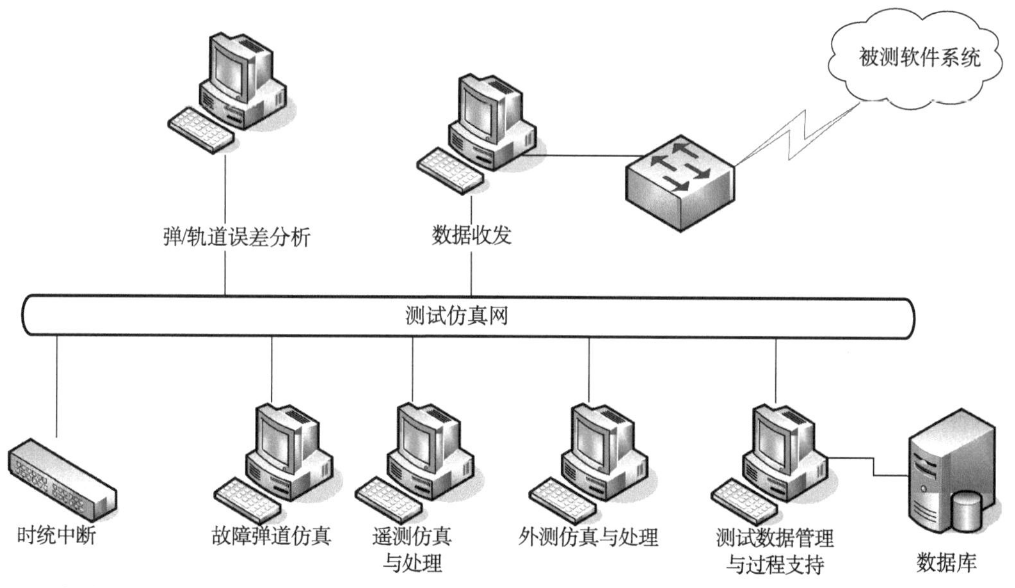

5.2.2 软件项

××软件测评环境中的软件项见下表。

序号	软件项名称	版本	提供单位	用途
1	××软件	V×.×	××单位	被测软件
2	SourceInsight	V×.×	××单位	代码审查
3	TestBed	V×.×	××单位	静态分析
4	××集成开发环境	V×.×	××单位	软件编译
5	××仿真软件	V×.×	××单位	用于仿真外部设备与被测设备进行通信
6	……			

5.2.3 硬件和固件项

××软件测评环境中的硬件和固件项见下表。

序号	硬件或固件项名称	配置信息	提供单位	用途
1	××设备(含被测软件)	设备型号:×× 设备配置:×× (如果有多套应说明套数)	××单位	××为被测设备
2	××设备	设备型号:×× 设备配置:×× (如果有多套应说明套数)	××单位	真实陪测设备,用来与被测设备进行××接口的数据通信
3	××综合测试设备	设备型号:×× 设备配置:×× (如果有多套应说明套数)	××单位	模拟发送××接口数据
4	示波器	设备型号:×× 设备配置:×× (如果有多套应说明套数)	××单位	测量定时器采样周期
5	工控机	设备型号:×× 设备配置:×× 操作系统:×× CPU:×× 内存:×× 硬盘:××	××单位	运行××软件模拟××
6	……			

注:如有多个配置项测试环境和系统测试环境,可分章节分别说明。

5.3 测评数据

本次测评所需的数据见下表。

序号	数据描述	性质	规格	数量	提供单位
1	××参数	真实	单位:B 大小:1 MB	10 个	××单位
2	××接口数据	模拟	符合××接口协议的数据	连续 2 小时	××单位
3	……				

5.4 测评环境差异

测评环境中的软硬件可以有效支持测试输入输出，能够保障测试顺利有效，但××数据采用仿真数据，××设备采用仿真软件模拟，与真实环境有差异，具体环境差异及影响分析见下表。

序号	真实环境	测试环境	环境差异及对测评结果影响
1	××设备	××设备	××设备为与××设备配置、功能相同的真实设备，无差异
2	××设备	××仿真设备 （内含××仿真软件）	××仿真设备可仿真××软件全部交联接口，测试数据格式满足××功能测试要求，但仿真测试数据为非真实飞行数据，无法针对××性能指标进行测评，该项指标的测试结果需采信××××结果
3	××数据	××仿真数据	控制所用的××数据为仿真数据，通过仿真模型提供，仿真模型实现仿真闭环控制，可提供符合各采集机构、执行机构行为特征的测评数据，满足测试要求
4	……		

6 测评内容、方法及要求

6.1 测评总体要求

6.1.1 测试级别和测试类型

根据××等要求，本次测评的测试级别为配置项测试和系统测试，所选取的测试类型有文档审查、静态分析、功能测试、性能测试、接口测试、边界测试等，具体详见下表，未选测试类型原因见下表。

软件名称	文档审查	静态分析	功能测试	性能测试	接口测试	边界测试	××测试		
××软件配置项测试	√	√	√	√	—	√	……		
××软件配置项测试	√	√	√	√	√	√	……		
××系统测试	√	—	√	√	√	√	……		

注：表格中的“√”表示需要进行此项测试，“—”表示不进行此项测试。

序号	名称	测试类型	未选取原因
1	××软件配置项测试	……	
2	××软件配置项测试	……	
3	××系统测试	……	

6.1.2 测评策略

依据××，测试项目组分析了××等文档，结合××，制定以下测评策略：

1）先实施配置项测试，后实施系统级测试；

2）对于配置项测试，先开展代码审查、静态分析，待发现问题整改后开展动态测试类型；

3）××软件为沿用软件，不对其单独开展配置项测试，将其纳入系统级测试；

4）××……；

5）文档审查主要内容为××××；

6）静态分析主要内容为××××；

7）……。

注：也可列表说明本次测评选取的各测试类型的详细要求。

6.2 测试项及方法

6.2.1 ××软件配置项测试

6.2.1.1 文档审查

文档审查测试项目表见下表。

测试项名称	××软件文档审查	测试项标识	××RJ－WD	优先级	高
追踪关系	隐含需求				
测试项描述	按照《××软件测试总体方案》对××软件文档进行文档审查 本软件测评文档审查包括以下内容： 1)软件需求规格说明 ××××－SRS V×.y 2)软件设计文档 ××××－SDD V×.y 3)软件接口需求规格说明 ××××－IRS V×.y 4)软件接口设计说明 ××××－IDD V×.y 5)软件用户手册 ××××－SUM V×.y ……				
测试方法	测试人员人工阅读文档,依据文档检查单对软件文档进行审查,文档审查工作内容包括： 1)审查软件文档种类是否齐全 2)审查软件文档内容是否详细 3)审查软件文档描述是否准确 4)审查软件文档格式是否规范 5)审查软件文档是否文文一致、文实相符 文档检查单见附录××				
充分性要求	对所有被测软件文档按照文档检查单逐项进行审查				
通过准则	被测软件文档种类齐全,内容完整,描述准确,格式规范,文档文文一致、文实相符				

6.2.1.2 功能测试

功能测试项目表见下表。

测试项名称	功能测试项1－××功能	测试项标识	××RJ－GN01	优先级	中
追踪关系	《××研制要求》4.2 《××软件研制任务书》2.2.1 a) 《××软件需求规格说明》3.2.1 a)				

续表

测试项名称	功能测试项 1-××功能	测试项标识	××RJ-GN01	优先级	中
需求描述	当软件收到的飞行速度在正常范围[××，××]时，设置××信号显示绿色；当飞行速度在正常范围外时，设置××信号显示红色				
测试项描述	通过模拟设置不同飞行速度并观察××信号，验证××软件是否给出××设备正常工作的信号				
测试方法	1)在××设备上设置正常范围内的飞行速度，并观察××信号是否显示绿色，验证××软件正确给出了××设备正常工作信号 2)在××设备上设置异常的飞行速度，并观察××信号是否显示红色，验证××软件正确给出了××设备无法正常工作的信号				
充分性要求	测试覆盖飞行速度正常范围[××，××]和异常范围×××				
通过准则	飞行速度在正常范围时，××信号显示绿色 飞行速度在异常范围时，××信号显示红色				

6.2.1.3 性能测试

（略）

6.2.2 ××软件配置项测试

（略）

6.2.3 ××系统测试

（略）

6.3 测试内容充分性及测试方法有效性分析

通过对××进行分析，整理出××个软件需求（含隐含需求），由软件需求分析出××个测试项，其中，功能测试类型××个测试项，性能测试类型××个测试项，……，实现测试需求对软件需求100%覆盖。具体详见下表。按照××标准以及相关规定要求，进行测评策划，所选取的测试方法适合、有效。

序号	需求来源		测试项标识	测试类型	备注
	研制要求	软件需求规格说明			
1	4.2 ××功能	3.2.1 a)××功能	××RJ-GN01	功能测试	
2	……				

注：也可采用附录单独描述此表，也可将针对研制要求、需求规格说明等的测试充分性分析单独列表。

6.4 软件评价内容与方法

6.4.1 软件需求符合性

从以下几方面评价软件需求符合性：

1）软件是否实现了研制要求、系统规格说明中规定的全部软件需求；

2）软件是否实现了软件需求规格说明中规定的全部需求；

3）……。

6.4.2 软件指标符合性

从以下方面评价软件指标符合性：

1）软件在边界条件下的性能底数；

2）软件在典型任务剖面和近似实战环境下的适应性；

3）……。

6.4.3 软件质量评价

从以下几方面评价软件质量：

1）软件编码质量是否满足要求。用代码的质量度量元统计度量编码质量。通常包括：

a）软件总注释率不小于20%；

b）模块的平均规模不大于200行；

c）模块的平均圈复杂度不大于10；

d）模块的平均扇出数不大于7；

e）……。

2）统计软件首轮测试缺陷率及每轮回归测试缺陷率。

3）软件文档种类是否齐套、内容是否完整、描述是否准确、格式是否规范及文档是否文文一致、文实相符。

4）……。

6.5 软件问题类别及等级

6.5.1 问题类别

测试过程中发现的问题统称为软件问题，类别分为：

1）需求问题：用户需求、系统需求或软件需求问题；

2）设计问题：系统设计或软件设计问题；

3）文档问题：文档描述问题；

4）编码问题：代码实现问题；

5）数据问题：数据规格、数量、语义等问题；

6）其他问题：上述问题之外的问题。

6.5.2 问题等级

软件问题等级分为重大、严重和一般三个等级。测试过程中发现的其他不方便使用或对软件功能有轻微影响的，可作为改进建议提出。

1）重大问题：软件问题导致程序无法继续运行、丧失主要功能或造成重大损失的，视为重大问题：

a）导致系统死机、崩溃或异常退出；

b）主要功能未实现或实现错误；

c）造成人员、装备、环境等重大损失；

d）重要数据丢失，且很难恢复。

2）严重问题：软件问题对主要功能性能有较大影响或造成严重损失，视为严重问题：

a）没有完整实现软件需求，对软件主要功能性能等有较大影响；

b）没有正确实现软件需求，对软件主要功能性能等有较大影响；

c）造成人员、装备、环境等严重损失；

d）重要数据丢失，但能以某种方式恢复；

e）软件文档对主要功能、性能描述缺失或错误。

3）一般问题：软件问题对功能性能有较小影响或造成一般损失，视为一般问题：

a）没有完整实现软件需求，对软件主要功能性能影响较小，或对一般功能性能造成影响；

b）没有正确实现软件需求，对软件主要功能性能影响较小，或对一般功能性能造成影响；

c）软件操作与软件使用说明不符；

d）软件文档存在准确性、一致性、错别字等影响较小的问题。

6.6 测评通过准则

软件测评通过准则如下：

1）软件文档齐套，内容完整，描述准确，文文一致、文实一致；

2）软件正确实现了所规定软件功能、性能、接口、安全性等需求；

3）测试中发现的软件问题（缺陷）均已进行合适处理，并通过了回归测试。

6.7 测评数据采信

本次软件测评中关于××和××等两项指标需要采信××××结论，要求满足技术状态一致、过程受控、测评机构资质合格等条件。

7 测评度量数据及采集要求

本次软件测评需采集的度量数据及采集要求见下表。

序号	需采集度量数据	采集要求
1	软件功能点数度量	针对需求文档中定义的需求唯一标识进行采集
2	程序模块数度量	针对设计文档中定义的程序模块以及源程序进行采集
3	测试项度量	针对测评大纲中定义的测试项唯一标识进行采集
4	……	

8 测评暂停、恢复与终止

出现下列情况之一，测评机构应及时提出暂停测评工作的申请：

1）测评过程中存在重大安全保密隐患；

2）被测软件存在重大技术问题，影响测评工作继续开展；

3）研制单位不能在规定时限内解决软件问题（缺陷），或大部分问题（缺陷）无法达成共识。

经任务委托方批准后，测评工作可暂停。当导致暂停的问题已解决，并经软件测评总体单位（如有）、合同甲方等相关方确认，且获得批准后可重新启动测评工作；如问题无法得到解决，获得批准后可终止测评工作。

9 测评组织及任务分工

本次测评由××组织，主要负责××；参试单位包括××、××单位等，其中，××单位负责××，××单位负责××。

测评项目组由××、××等岗位组成，组成及职责分工见下表。

序号	人员	岗位	职责
1	××	项目负责人	测评项目总体负责
2	××	测试人员	负责××软件配置项测试
3	××	配置管理员	负责建立、管理和维护测试配置管理数据库
4	××	研制单位	××软件测试技术保障
5	……		

10 测评保障

10.1 测评条件保障

××单位负责测评设备、场地保障，主要包括×××等。

××单位负责测评技术、数据保障，主要包括×××等。

10.2 配置管理

在测试项目的整个生命周期内应对配置项进行有效管理，配置项通常包括测评依据（软件测评工作计划、合同、任务书及其他等效文件）、被测软件（各测试轮次的软件源/可执行程序、软件文档、基础数据等）、测评工作产品（测评文档、测试数据、自研测试程序或工具、评审记录等）和软件测评所需的各种软硬件资源。配置管理要求如下：

1）编制并评审配置管理计划，按照配置管理计划开展配置管理工作；

2）建立配置管理库，对配置项进行标识，并控制其更改和发布；

3）规定受控的配置项，并规定其出入配置管理库要求；

4）建立基线，基线的状态和内容应通知到各相关人员；

5）应进行配置审核并将结果通知到相关人员。

10.3 质量保证

应对测评过程及工作产品开展质量保证活动。质量保证要求如下：

1）制订并评审质量保证计划，按照质量保证计划开展质量保证工作；

2）质量保证人员应客观地验证工作产品及其活动遵循所用标准、规程和需求的情况；

3）质量保证人员应将质量保证活动的时机、结果通知到相关人员；

4）领导层应负责处理在测评项目组内无法解决的问题。

10.4 测评风险分析

测评工作可能存在以下风险，可能延缓或阻碍测评计划如期实施，导致工作进度和测评结果受到影响。为保证测评工作顺利完成，应采取相应措施避免或消除这些风险。本项目存在的测评风险见下表。

序号	风险类型	风险	可能性	影响	应对措施
1	环境风险	测试环境中缺少××实装设备	高	大	采用××模拟器代替××实装设备，并采用××进行弥补
2	……				

10.5 测评分包

本次测评工作的总体责任单位为××。其中，××子系统的测评工作，经过公开招标，分包给××。

××对××的测评过程通过××、××等措施进行质量监督和指导。

××具有××资质，主要承担××子系统软件配置项及系统级测评任务，测评环境采用××环境，计划于××年××月完成测评工作。

11 测评安全与保密

为确保软件测评成功，需制定安全与保密相关措施。主要包括：

1）针对测评中可能出现的特殊情况，组织制定特情处置预案，当特情发生后严格按特情处置预案进行处置，并及时上报，严谨瞒报、漏报等现象出现；

2）采用××措施来保障测评过程安全，不发生安全事故；

3）采用××措施来保障测评过程保密，不发生失泄密事件；

4）……。

12 有关问题的说明

测评过程中，××测试项需结合实际系统测试同时进行，主要开展××，测评数据通过××收集并由测评项目组独立分析得出该科目是否通过软件测评结论。

13 附件

附件 1 术语和缩略语

附件 2 测试项与研制要求、系统规格说明、软件需求规格说明对照表

附件 3 测试用例与测试项对照表

附件 4 ××算法模型/数据

附件 5 文档检查单

9.2.15 测试说明

9.2.15.1 编写目录

1 范围
1.1 标识
1.2 项目概述
1.2.1 被测软件概述
1.2.2 评测任务概述
1.3 文档概述
1.4 与其他文档的关系
2 引用文档
3 术语和定义
4 测试环境准备
4.×（被测对象×的名称和项目唯一标识号）
4.×.1 测试进度
4.×.2 硬件准备
4.×.3 软件准备
4.×.4 其他测试准备
5 测试说明
5.×（被测对象的名称和项目唯一标识号）
5.×.×（被测对象的测试类型名称和项目唯一标识号）
5.×.×.×（被测对象的测试项名称和项目唯一标识号）
5.×.×.×.×（被测对象的测试用例名称和项目唯一标识号）
6 追踪关系

9.2.15.2 编写指南

1 范围
1.1 标识

写明本文档的：

1）已批准的标识号；

2）标题；

3）本文档适用的范围。

1.2 项目概述

1.2.1 被测软件概述

概述被测软件的下列内容：

1）被测软件的名称、版本、用途；

2）被测软件的组成、功能、性能和接口；

3）被测软件的运行环境。

1.2.2 评测任务概述

概述软件评测项目的任务与要求，说明每一个被测对象（被测对象可能是软件单元、软件部件、软件配置项或系统）的名称、版本、测试级别、测试场地要求等，见下表。

序号	被测对象	测试级别	测试场地

测试级别：单元级测试、部件级测试、配置项级测试、系统级测试。

测试场地：是在软件评测方仿真环境下测试，还是在最终用户的真实环境下测试。

1.3 文档概述

概述本文档的用途和内容。

1.4 与其他文档的关系

概述本文档与其他文档之间的关系。

2 引用文档

应按文档号和标题列出本文档引用的所有文档，并说明每一文档的版本、编写单位和编写时间。

3 术语和定义

本章给出所有在本文档中出现的专用术语和缩略语的确切定义。

4 测试环境准备

分节描述在软件测试计划中所标识的每个被测对象（被测对象可能是软件单元/类和对象、软件部件、软件配置项或系统）的测试进度和测试环境。

4.×（被测对象×的名称和项目唯一标识号）

从 4.1 节开始，分小节描述每一被测对象的测试进度和测试准备过程。当测试准备过程要求的信息和上一个测试内容说明的信息相同时，只需引用这一信息，不必重复。

4.×.1 测试进度

对每个被测对象，给出下列与测试有关的每个活动的进度：

1）简要介绍；

2）测试准备活动（例如设备和软件准备）；

3）执行测试；

4）汇报测试执行情况；

5）数据整理和分析。

4.×.2 硬件准备

描述测试所需硬件环境的准备过程。可以引用已发布的软件文档，该文档应提供以下信息：

1）特定硬件的详细信息，包括其名称和编号标识；

2）连接硬件所需的所有开关设置和电缆信息，包括其名称和位置；

3）用于显示硬件连接、控制及数据路径的一个或多个原理图；

4）组装硬件的详细步骤。

4.×.3 软件准备

描述测试所需软件环境的准备过程，涵盖被测对象、测试支持软件和其他相关软件信息。可以引用已发布的软件文档，该文档包含以下信息：

1）被测对象的存储媒体（例如磁带、磁盘、光盘）和将被测对象装载到计算机的详细过程；

2）支持软件（例如环境模拟程序、测试驱动程序、数据整理程序等）的存储媒体及加载支持软件的详细指令；

3）支持软件的装载时机（如被测对象装载前，或特定测试用例执行后等）。

4.×.4 其他测试准备

描述为完成测试所需的其他所有准备工作或流程。

5 测试说明

5.×（被测对象的名称和项目唯一标识号）

5.×.×（被测对象的测试类型名称和项目唯一标识号）

5.×.×.×（被测对象的测试项名称和项目唯一标识号）

5.×.×.×.×（被测对象的测试用例名称和项目唯一标识号）

从 5.1.1.1.1 节开始，对软件测试计划中定义的每个测试项，分别设计测试用例，并用名称和项目唯一标识号进行标识，采用“测试用例表”的形式详细说明下列内容：

1）用例综述：阐述本测试用例的测试目的及方法。

2）需求可追踪性：说明本测试用例与测试计划的关联关系。

3）初始化条件：列出完成测试用例所需建立的所有必要条件（硬件配置、软件配置、参数设置）。若该部分信息已在前面提及，则此处只作为引用，避免重复。

4）测试步骤：详细阐述实施测试用例的过程（操作步骤）。把测试过程分解为一系列按顺序执行的独立步骤。为便于文档维护，测试过程可包含附录及参考资料。

5）期望测试结果。明确在测试过程中被测对象应产生的期望结果（即预期的正确结果）。必要时，也应提供中间测试结果的说明。期望测试结果应具体明确（如确定的数值、状态或信号等），避免模糊或笼统的描述。

6）前提与约束：说明在测试用例中设定的所有前提与约束条件，若存在特殊限制、参数偏差或异常处理情况，应阐述它们对测试用例的影响。

7）测试用例终止条件：明确测试用例的终止条件，涵盖正常终止的情形以及可能发生的异常终止情况。

8）测试用例通过准则：阐述测试用例的通过标准。测试用例的执行结果判定为“通过”“未通过”。

9）设计人员：填写设计本测试用例的人员姓名。

6 追踪关系

建立测试用例与测试计划间的追踪关系，详细说明设计的测试用例对测试计划的覆盖程序和索引关联，并提供一个清晰、明确的追踪表格。

9.2.16 测试记录

9.2.16.1 编写目录

1 范围
1.1 标识
1.2 项目概述
1.2.1 被测软件概述
1.2.2 评测任务概述
1.3 文档概述
1.4 与其他文档的关系
2 引用文档
3 术语和定义
4 测试人员
5 测试记录
5.×（被测对象的名称和项目唯一标识号）
5.×.×（被测对象的测试类型名称和项目唯一标识号）
5.×.×.×（被测对象的测试项名称和项目唯一标识号）
5.×.×.×.×（被测对象的测试用例名称和项目唯一标识号）执行记录

9.2.16.2 编写指南

1 范围

1.1 标识

写明本文档的：

1）已批准的标识号；

2）标题；

3）本文档适用的范围。

1.2 项目概述

1.2.1 被测软件概述

概述被测软件的以下内容：

1）被测软件的名称、版本、用途；

2）被测软件的组成、功能、性能和接口；

3）被测软件的运行环境。

1.2.2 评测任务概述

概述软件评测项目的任务与要求，明确每一个被测对象的名称、版本、测试级别、测试场地要求等，见下表。

序号	被测对象	测试级别	测试场地

测试级别：单元级测试、部件级测试、配置项级测试、系统级测试。

测试场地：是在软件评测方仿真环境下测试，还是在最终用户的真实环境下测试。

1.3 文档概述

概述本文档的用途和内容。

1.4 与其他文档的关系

概述本文档与其他文档之间的关系。

2 引用文档

应按文档号和标题列出本文档引用的所有文档，并说明每一文档的版本、编写单位和编写时间。

3 术语和定义

本章给出所有在本文档中出现的专用术语和缩略语的确切定义。

4 测试人员

统计实际参加测试的人员。

5 测试记录

分节说明为每个被测对象设计的测试用例的执行结果记录或未执行的原因。每个软件测试用例都应包含执行记录或未执行（包括未完整执行）的原因说明。

5. ×（被测对象的名称和项目唯一标识号）

5. ×. ×（被测对象的测试类型名称和项目唯一标识号）

5. ×. ×. ×（被测对象的测试项名称和项目唯一标识号）

5. ×. ×. ×. ×（被测对象的测试用例名称和项目唯一标识号）执行记录

从 5.1.1.1.1 节开始，详细记录测试说明中标识的每个测试用例的执行结果，执行记录应采用测试记录表的形式，以记录测试用例的执行情况与结果。测试记录表的格式与内容应与测试用例表保持一致，确保完全涵盖测试用例设计的信息。此外，执行记录还应记录以下信息：

1）对于每个测试步骤，应记录实测结果，当有量值要求时，应准确记录具体的实际测试量值。如果实际测试结果已经存储在文件中，可以只记录文件名。

2）记录测试过程中所使用的程序、数据、图片等。

3）如果测试中发现被测软件有问题，对问题进行简单描述，详细信息写入软件问题单。

4）记录实际测试人员。

5）记录实际测试时间。

6）记录测试用例的执行状态：测试用例的执行状态取决于各测试步骤的执行情况，全部测试步骤得到执行则为完整执行，部分步骤得到执行则为部分执行，全部步骤都未得到执行则为未执行。

7）判断并记录测试用例的执行结果：依据测试用例的通过准则判断测试用例的执行结果是“通过”或“未通过”。

8）对于未执行（含未完整执行）的测试用例，应说明原因。

9.2.17　测试报告

9.2.17.1　编写目录

1 范围

1.1 标识

1.2 系统概述

1.3 文档概述

2 引用文档

3 测试结果概述

3.1 对被测试软件的总体评估

3.2 测试环境的影响

3.3 改进建议

4 详细测试结果
4.×（测试的唯一标识符）
4.×.1 测试结果总结
4.×.2 遇到的问题
4.×.2.×（测试用例的唯一标识符）
4.×.3 与测试用例/规程的不一致
4.×.3.×（测试用例的唯一标识符）
5 测试日志
6 注释

9.2.17.2 编写指南

1 范围
1.1 标识

写明本文档的：

1）已批准的标识号；

2）标题；

3）本文档适用的范围。

1.2 系统概述

本节应概述本文档适用的系统和软件的用途，阐述系统和软件的一般特性（如规模、安全性、可靠性、实时性、技术风险等特性），概述系统开发、运行和维护的历史，标识项目的需方、用户、开发方和保障机构等，标识当前和计划的运行现场，列出其他有关文档。

1.3 文档概述

概述本文档的用途和内容。

2 引用文档

应按文档号和标题列出本文档引用的所有文档，并明确每一文档的版本、编写单位和编写时间。

3 测试结果概述
3.1 对被测试软件的总体评估

本节应：

1）根据本报告中的测试结果，给出该软件的总体评估。

2）标识测试中发现的所有遗留的缺陷、限制或约束。可用问题/更改报告形式，给出缺陷信息。

3）对每个遗留的缺陷、限制或约束，应描述：

a）对软件和系统性能的影响，包括对未满足需求的标识；

b）对其进行纠正时，软件和系统设计受到的影响；

c）推荐的纠正方案/方法。

3.2 测试环境的影响

本节应给出测试环境与操作环境的差异及这种差异对测试结果的影响进行的评估。

3.3 改进建议

本节应对被测试软件的设计、操作或测试提供改进建议，并描述每个建议及其对软件的影响。

4 详细测试结果

本章应分为以下小节，对每个测试的详细结果进行描述。

4.×（测试的唯一标识符）

本节应使用项目唯一标识符标识一个测试，并分为以下小节对测试结果进行描述。

4.×.1 测试结果总结

本节应对测试结果进行总结。总结内容包括与该测试相关联的每个测试用例的完成状态（例如，“所有结果都如预期的那样”“遇到的问题”“与要求有偏差”等），可用表格的形式给出。当完成状态不是“如预期的那样”时，本节应引用 4.×.2 节或 4.×.3 节提供详细信息。

4.×.2 遇到的问题

本节应对出现问题的每个测试用例进行标识。

4.×.2.×（测试用例的唯一标识符）

本节应用项目唯一的标识符标识遇到问题的测试用例，并提供以下内容：

a）阐述所遇到的问题；

b）标识所遇到问题的测试规程步骤；

c）（若适用）引用相关问题/更改报告和备份数据；

d）改正这些问题所重复的规程或步骤的次数及每次得到的结果；

e）再测试时，是从哪些回退点或测试步骤恢复测试的。

4.×.3 与测试用例/规程的不一致

4.×.3.×（测试用例的唯一标识符）

本节应用项目唯一的标识符标识出现一个或多个偏差的测试用例，并提供：

a）偏差说明（例如，出现偏差的测试用例的运行情况和偏差性质，如替换了所要求的设备、未能遵循规定的步骤等）；

b）偏差理由；

c）偏差对测试用例有效性影响的评估。

5 测试日志

本章应按时间顺序给出所涉及的测试事件（可以用表或附录形式）。测试日志应包括：

a）所执行测试的日期、时间和地点；

b）每个测试所涉及的硬件和软件配置项，（若适用）包括零件、模型、系列号、生产商、所有硬件的校准日期、所使用软件的版本号和名称；

c）每个测试相关活动的日期和时间、执行活动的人员等。

6 注释

本章应包括有助于了解文档的所有信息（例如背景、术语、缩略语或公式）。

9.2.18 问题报告

9.2.18.1 编写目录

1 范围
1.1 标识
1.2 项目概述
1.2.1 被测软件概述
1.2.2 评测任务概述
1.3 文档概述
1.4 与其他文档的关系
2 引用文档
3 术语和定义
4 问题报告
4.×（被测对象的名称和项目唯一标识号）
4.×.1 软件问题概述
4.×.2 软件问题报告单

9.2.18.2 编写指南

1 范围

1.1 标识

写明本文档的：

1）已批准的标识号；

2）标题；

3）本文档适用的范围。

1.2 项目概述

1.2.1 被测软件概述

概述被测软件的以下内容：

1）被测软件的名称、版本、用途；

2）被测软件的组成、功能、性能和接口；

3）被测软件的运行环境。

1.2.2 评测任务概述

概述软件评测项目的任务与要求，明确每一个被测对象的名称、版本、测试级别、测试场地要求等，见下表。

序号	被测对象	测试级别	测试场地

测试级别：单元级测试、部件级测试、配置项级测试、系统级测试。

测试场地：是在软件评测方仿真环境下测试，还是在最终用户的真实环境下测试。

1.3 文档概述

概述本文档的用途和内容。

1.4 与其他文档的关系

概述本文档与其他文档之间的关系。

2 引用文档

应按文档号和标题列出本文档引用的所有文档，并说明每一文档的版本、编写单位和编写时间。

3 术语和定义

本章给出所有在本文档中出现的专用术语和缩略语的确切定义。

4 问题报告

分节描述软件测试计划中定义的每项测试所发现的问题。

4.×（被测对象的名称和项目唯一标识号）

从 4.1 节开始，分节报告在每一个被测对象的测试中所发现的问题。

4.×.1 软件问题概述

简要说明以下内容：

1）实施测试的时间、地点和环境；

2）在“软件测试说明”中设计的测试用例个数，在实际测试中执行的测试用例个数以及在测试执行过程中新增加的测试用例数；

3）测试期间发现的问题个数。

4.×.2 软件问题报告单

详细说明测试过程中发现的每一个问题，并形成问题报告单。问题报告单包括以下信息：

1）问题的项目唯一标识号；
2）报告问题的日期、报告人；
3）问题类别；
4）问题级别；
5）问题对测试记录的追踪性；
6）问题描述；
7）附注及修改建议。

9.2.19 软件产品规格说明

9.2.19.1 编写目录

1 范围
1.1 标识
1.2 系统概述
1.3 文档概述
2 引用文件
3 需求
3.1 可执行软件
3.2 源文件
3.3 包装需求
4 合格性规定
5 软件支持信息
5.1“已构建”软件设计
5.2 编译/建立规程
5.3 修改规程
5.4 计算机硬件资源使用
6 需求的可追踪性
7 注释

9.2.19.2 编写指南

1 范围
1.1 标识
本节应描述本文档适用系统和软件的完整标识，适用时，包括其标识号、名称、缩略名、版本号和发布号。

1.2 系统概述

本节应概述本文档适用的系统和软件的用途，阐述系统和软件的一般特性（如规模、安全性、可靠性、实时性、技术风险等特性），概述系统开发、运行和维护的历史，标识项目的需方、用户、开发方和保障机构等，标识当前和计划的运行现场，列出其他有关文档。

1.3 文档概述

本节应概述本文档的用途、内容以及相关的安全保密要求。

2 引用文件

本章需列出引用文档的编号、标题、编写单位、修订版次及日期，并提供无法通过正常渠道获取的文档的来源信息。

3 需求

本章应分为以下小节，描述实现软件交付，确定另一软件实体为该 CSCI 的有效复制所应满足的需求。

注：软件的制造与硬件不同，它不是根据设计的重建，而是由软件本身的电子复制及其有效性的确定组成的。软件复制有效性是通过与软件本身的比较来确定的，而不是与设计说明的比较。因此，软件产品规范与硬件产品规范在需求部分有所不同。硬件产品规范的需求部分提供了作为硬件制造要求的最终设计，而本文档的第 3 章“需求”是将软件本身确立为判定软件实体是否为 CSCI 有效复制的标准，本文档的第 5 章“软件支持信息”不是作为“需求”，而是提供用于软件更改、增强或其他支持等的信息。对于软件而言，软件本身构成了产品基线，而非软件的设计说明。

3.1 可执行软件

本节应通过引用包含 CSCI 可执行软件的介质或其他形式，给出 CSCI 的可执行软件，包括在目标计算机上安装和运行该软件所需的批处理文件、命令文件、数据文件或其他软件文件。为使软件实体成为该 CSCI 可执行软件的有效复制，它必须与这些文件精确匹配。

3.2 源文件

本节应通过引用包含 CSCI 源文件的介质或其他形式，给出 CSCI 的源文件，包括重新生成 CSCI 可执行软件所需的批处理文件、命令文件、数据文件或其他文件。为使软件实体成为该 CSCI 源文件的有效复制，它必须与这些文件精确匹配。

3.3 包装需求

若有，本节应描述 CSCI 复制的包装和标记等方面的需求。

4 合格性规定

本节应描述用于证明指定软件实体是 CSCI 有效复制的方法。例如，针对可执行文件，可以通过确定 3.1 节中每个可执行文件在当前所述软件中是否有相同命名的对等实体，并通过按位比较、校验和或其他方法来验证每个这样的对等实体和对应的可执行文件是否相同；针对源文件，则可以通过与 3.2 节中的源文件进行比较来验证。

5 软件支持信息

本章应分为以下小节，给出 CSCI 支持所需的相关信息。

5.1“已构建”软件设计

本节应包含关于“已构建”CSCI 的设计信息描述，或引用包含此信息的一个附录或其他可交付的文档（若适用）。此信息需与软件设计说明（SDD）、接口设计说明（IDD）和数据库设计说明（DBDD）中的要求保持一致。若这些文档或其等价物需随“已构建”CSCI 一同交付，本节应明确引用；否则，此信息应在本文档中详细提供。此外，本节也可引用源代码清单中的头文件、注释及代码所蕴含的信息，以避免重复。若 SDD、IDD 或 DBDD 是以附录的形式呈现，则无需更改其条号与页码。

5.2 编译/建立规程

本节应详述从源文件创建可执行文件，并准备将其加载至固件或其他分布介质的编译/建立规程，或引用包含此信息的附录。需明确指定使用的编译程序/汇编程序（含版本号）、其他必要的软硬件（含版本号）、设置、选项或约定以及编译/汇编、连接和建立 CSCI 及其所属软件系统的具体规程，包括针对不同现场、配置、版本的变更等。CSCI 级以上的建立规程可在某个 SPS 中详述，并在其他 SPS 中引用。

5.3 修改规程

本节应阐述修改 CSCI 应遵循的规程（若适用），包括或引用以下信息：

1）保障设施、设备及软件，及其使用规程；

2）CSCI 所使用的数据库/数据文件，及其使用与修改规程；

3）设计、编码及其他需遵循的约定；

4）与前述不同的编译/建立规程；

5）集成和测试规程。

5.4 计算机硬件资源使用

本节应描述“已构建”CSCI 对计算机硬件资源（如处理器能力、内存容量、输入/输出设备能力、辅存容量和通信/网络设备能力）的实际使用情况，涵盖 CSCI 使用需求中、影响 CSCI 的系统级资源分配中或软件开发计划中的所有计算机硬件资源。若指定的计算机硬件资源使用数据已集中呈现于某处（如某 SPS），则本节可以直接引用。针对每项计算机硬件资源，应包含：

1）得以满足的 CSCI 需求或系统级资源分配［到 CSCI 需求的可追踪性可在第 6 章的 3）中提供］；

2）使用数据所依据的假设与条件（如典型用法、最坏情况用法、特定事件假设）；

3）影响使用的特殊考虑（如虚存使用、覆盖、多处理器或操作系统开销影响、库软件或其他实现开销等）；

4）所采用的测度单位（如处理器能力百分比、周期/秒、存储器字节数、千字节/秒等）；

5）已进行的估计或测量的层级（如软件单元、CSCI 或可执行程序）。

6 需求的可追踪性

本章应阐述以下可追踪性：

1）从每一 CSCI 源文件至其实现的软件单元的可追踪性；

2）从每一软件单元至实现其源文件的可追踪性；

3）从 5.4 节中指定的每一计算机硬件资源使用测量至其所涉及的 CSCI 需求的可追踪性（此可追踪性也可在 5.4 节中提供）；

4）从有关计算机硬件资源使用的每一 CSCI 需求至 5.4 节中指定的使用测量的可追踪性。

7 注释

本章应包括有助于了解文档的所有信息（例如背景、术语、缩略语或公式）。

9.2.20　软件版本说明

9.2.20.1　编写目录

1 范围

1.1 标识

1.2 系统概述

1.3 文档概述

2 引用文件

3 版本说明

3.1 发布的材料清单

3.2 软件内容清单

3.3 更改说明

3.4 适应性数据

3.5 有关文档

3.6 安装说明

3.7 可能的问题和已知的错误

4 注释

9.2.20.2　编制指南

1 范围

1.1 标识

本节应详细描述本文档适用系统和软件的完整标识，适用时，包括其标识号、名称、缩略名、版本号和发布号。同时，本节还应指明预期的文档接受者，这些接受者的选择将受到该标识对所发布软件内容影响的影响（例如，不发布源代码的文档接受者）。

1.2 系统概述

本节应概述本文档适用的系统和软件的用途，描述系统和软件的一般特性（如规模、安全性、可靠性、实时性、技术风险等特性），概述系统开发、运行和维护的历史，标识项目的需方、用户、开发方和保障机构等，标识当前和计划的运行现场，列出其他有关文档。

1.3 文档概述

本节应概述本文档的用途和内容，同时阐述与其使用相关的安全保密要求。

2 引用文件

本章应列出引用文档的编号、标题、编写单位、修订版次及日期，并提供无法通过正常渠道获取的文档的来源信息。

3 版本说明

3.1 发布的材料清单

若适用，本节应按标识号、标题、缩略名、日期、版本号和发布号，列出构成所发布软件的所有物理介质（例如光盘、磁盘）及相关的文档。本节还应考虑这些项的保密性，提供安全防护措施（如对静电和磁场防护），并说明复制与许可条款及其约束条件。

编写示例：

文档清单

序号	名称	版本号	物理媒介
1	×××任务书	2.01	光盘
2	×××开发计划	2.00	光盘
3	×××需求规格说明	2.00	光盘
4	×××概要设计报告	2.00	光盘
5	×××详细设计报告	2.00	光盘
6	×××仿真验证计划	2.00	光盘
7	×××仿真验证报告	2.00	光盘
8	×××确认测试计划	2.00	光盘
9	×××确认测试说明	2.00	光盘
10	×××确认测试报告	2.00	光盘
11	×××回归测试报告	2.01	光盘
12	×××回归测试报告	2.02	光盘
13	×××研制总结报告	2.02	光盘
14	×××固件保障手册	2.02	光盘
15	×××产品规格说明	2.02	光盘

3.2 软件内容清单

若适用，本节应按标识号、标题、缩略名、日期、版本号和发布号的顺序，列出构成所发布软件版本的所有计算机文件，并考虑保密性方面。

编写示例：

软件程序说明

型 号	F/C24-21	软件名称	×××××	
软件代号	F/C24-21/05-2.02	软件版本	2.02	
文件列表				
序号	类别	文件名	校验和	备注
1	源程序	sym_recv.vhd	—	
2	源程序	ad_filter.vhd	—	
3	源程序	ad_down_conv.vhd	—	
4	源程序	ad_car_gen.vhd	—	
5	源程序	n_sin_p_cos_rom.vhd	—	
6	源程序	rs422_send.vhd	—	
7	源程序	AD_DA_TOP.vhd	—	
8	ip 核	dcm_2x.xaw	—	
9	ip 核	dcm_to_100m.xaw	—	
10	源程序	ADC_DRV.vhd	—	
11	源程序	DAC_DRV.vhd	—	
12	FPGA 烧录文件	top.bit	—	
13	XQ4VSX55 固化文件	flash1.mcs	C5483DBE	
14	XQ4VSX55 固化文件	flash2.mcs	AAE825CA	
15	XQ4VSX55 固化文件	flash3.mcs	B3086D02	
16	XQ4VSX55 固化文件	flash4.mcs	6554B182	
17	XQ4VSX55 固化文件	flash5.mcs	DFD4F399	

注：正样最终版本。

3.3 更改说明

本节应列出自上一个版本后引入当前软件版本的所有更改。如果使用了更改类别，则更改应按这些类别进行划分。若适用，本节应标识与每一更改相关的问题报告、更改建议、更改通告和（若有）每一更改对系统运行和其他软硬件接口产生的影响。本节不适用于初始软件版本。

编写示例：

序号	软件名称	更改前版本号	更改后版本号	更改时间	更改原因	更改描述	更改影响分析	测试验证情况

3.4 适应性数据

本节应标识或通过引用给出包含在软件版本中的各现场专用的数据。对于第一版后的软件版本，本节应描述对适应性数据所做的更改。

3.5 有关文档

若适用，本节应按标识号、标题、缩略名、日期、版本号和发布号，列出与所发布软件有关但未包含在发布中的所有文档。

3.6 安装说明

若适用，本节应提供或通过引用给出以下信息：

a）该软件版本的安装说明；

b）该软件版本安装所需的其他更改，包括未包含在软件版本中的现场专用数据等；

c）与安装有关的保密性和安全性等提示；

d）判定软件版本是否正确安装的规程；

e）安装中遇到问题后的求助联系方式。

3.7 可能的问题和已知的错误

本节应描述软件版本在发布时，可能发生的问题和已知的错误、解决问题与错误要采取的步骤，以及进一步识别、避免、纠正问题与错误的说明等。给出的信息应适合于本文档的预期接受者（例如，用户机构可能需要避免错误的建议，保障机构则需要改正错误的建议）。

4 注释

本章应包括有助于了解文档的所有信息（例如背景、术语、缩略语或公式）。

9.2.21　用户手册

9.2.21.1　编写目录

1 范围

1.1 标识

1.2 系统概述

1.3 文档概述

2 引用文件

3 术语和定义

4 软件综述

4.1 软件应用

4.2 软件清单

4.3 软件环境

4.4 软件组织和操作概述 4.5 意外事故及运行的备用状态和方式 4.6 保密性 4.7 帮助和问题报告 5 软件入门 5.1 软件的首次用户 5.1.1 熟悉设备 5.1.2 访问控制 5.1.3 安装和设置 5.2 启动 5.3 停止和挂起 6 使用指南 6.1 能力 6.2 约定 6.3 处理规程 6.3 ×（软件使用方面） 6.4 有关的处理 6.5 数据备份 6.6 错误、故障和紧急情况下的恢复 6.7 消息 6.8 快速参考指南 7 注释

9.2.21.2　编写指南

1 范围 1.1 标识 　　写明本文档的： 　　1）已批准的标识号； 　　2）标题； 　　3）所适用的系统或 CSCI； 　　4）版本号。 1.2 系统概述 　　应简述本文档所适用系统和软件的用途。它还应描述系统与软件的一般特性，概述系统开发、运行和维护的历史，标识项目的需求方、用户、开发方和保障机构等，标识

当前和计划的运行现场，列出其他有关文档。

1.3 文档概述

概述本文档的用途和内容。

2 引用文件

按文档号、标题、编写单位（或作者）和出版日期等，列出本文档引用的所有文件。

3 术语和定义

给出所有在本文档中出现的专用术语和缩略语的确切定义。

4 软件综述

4.1 软件应用

本节应简要说明软件的预期用途，并描述对软件使用所期望的功能、运行改进及受益情况。

4.2 软件清单

本节应标识使软件运行所必需安装的所有软件文件，包括数据库及数据文件。标识内容应包括每一文件的保密性考量以及紧急情况下继续或恢复运行所需的软件标识。

4.3 软件环境

本节应描述用户安装并运行该软件所需的硬件、软件、手工操作和其他资源。描述内容（若适用）应包括以下五个方面：

1）应提供的计算机设备，包括需要的内存数量、辅存数量及外围设备（如打印机和其他的输入/输出设备）；

2）应提供的通信设备；

3）应提供的其他软件，例如操作系统、数据库、数据文件、实用程序和其他的支持系统；

4）应提供的表格、规程或其他的手工操作；

5）应提供的其他设施、设备或资源。

4.4 软件组织和操作概述

本节应从用户的角度出发，简要描述软件的组织与操作。描述内容（若适用）应包括以下四个方面：

1）从用户的角度，概述软件逻辑部件和每个部件的用途/操作。

用户可能期望的性能特性，例如：

a）可接受的输入类型、数量、速率；

b）软件产生的输出类型、数量、准确性及速率；

c）典型的响应时间和影响它的因素；

d）典型的处理时间和影响它的因素；

e）限制，例如可追踪的事件数目；

f）预期的错误率。

2）预期的可靠性。

3）该软件执行的功能与接口系统、组织或位置之间的关系。

4）为管理软件而能够采取的监控措施（例如口令）。

4.5 意外事故及运行的备用状态和方式

若适用，本节应说明在紧急时刻以及在不同运行状态和方式下用户处理软件的差异。

4.6 保密性

本节应概述与本软件相关的保密性考虑，并在适用时包含对软件或文档进行非授权复制的警告信息。

4.7 帮助和问题报告

本节应提供联系方式，并说明获得帮助以及报告软件使用中遇到的问题所应遵循的规程。

5 软件入门

5.1 软件的首次用户

5.1.1 熟悉设备

如有必要，本节应描述以下内容：

1）打开与调节电源的规程；

2）可视化显示屏幕的大小与能力；

3）光标形状，如出现了多个光标，如何标识现行的光标，如何定位光标及其使用方法；

4）键盘布局、不同类型键的功能以及点击设备的功能；

5）在需要特殊操作顺序时关闭电源的规程。

5.1.2 访问控制

本节应概述用户可见的软件的访问与保密性特征。

若适用，本节应包含以下内容：

1）如何及从何处获得口令；

2）如何在用户的控制下添加、删除或更改口令；

3）与用户生成的输出报告及其他媒体标记有关的保密性考虑。

5.1.3 安装和设置

本节应描述在指定设备上访问或安装软件、执行安装、配置软件、删除或覆盖旧文件或数据以及输入软件操作参数所必需的规程。

5.2 启动

本节应提供开始工作的逐步规程，包括所有可用的选项。同时，还应提供遇到问题时用于诊断的检查清单。

5.3 停止和挂起

本节应描述用户如何停止或中断软件的使用，以及如何判断是正常结束或异常停止。

6 使用指南

本章应向用户提供使用软件的规程。如果规程太长或过于复杂，可按照本章相同的章结构添加第 7 章、第 8 章等，标题应与所选择的内容相关。文档的组织取决于被文档化的软件的特性。例如，一种办法是根据用户工作的组织、他们被分配的位置、他们的工作现场或必须完成的任务来划分章节。对于其他的软件而言，第 6 章可以是菜单指南，第 7 章为命令语言使用指南，第 8 章为功能指南（已在 6.3 节中给出详细的规程）。根据软件的设计，可以逐个功能、逐个菜单、逐个事务或用其他方式来组织各节。在适当的地方应包含用“警告”或“注意”标记的安全提示。

6.1 能力

为了提供软件使用的概述，本节应简述事务、菜单、功能或其他处理之间的关系。

6.2 约定

本节应详细阐述软件使用的所有约定，包括但不限于显示中采用的颜色、警告铃声、缩略词语表以及命名或编码规则。

6.3 处理规程

6.3.×（软件使用方面）

本节标题应清晰标识所描述的功能、菜单、事务或其他流程。（若适用）本节应详尽描述并给出以下方面的选项与实例：菜单布局、图标设计、数据项列表、用户输入方式、可能影响软件与用户交互接口的其他软硬件输入输出项、诊断或错误消息、报警提示，以及提供联机帮助信息或使用说明信息的工具。所提出的信息格式应与软件特性相匹配。描述风格应保持一致性，例如对菜单和事务的描述应遵循统一的规范。

6.4 有关的处理

本节应明确标识并详细描述任何未由用户直接调用，且在 6.3 节中未提及的由软件执行的批处理、脱机处理或后台处理任务，并阐述用户在此类处理任务中的责任。

6.5 数据备份

本节应描述创建和保留备份数据的流程，这些备份数据在遭遇错误、缺陷、误操作或事故时可以用来代替主要的数据复制。

6.6 错误、故障和紧急情况下的恢复

本节应提供从发生错误或故障中重启或恢复的详细步骤，以及确保紧急情况下业务连续性的详尽规程。

6.7 消息

本节应列出在执行用户功能时可能遇到的所有错误消息、诊断消息等，或引用包含这些消息的附录，并需标识和描述每条消息的含义及用户应采取的行动。

6.8 快速参考指南

如适用，本节应提供或引用快速参考卡或页面。（若适用）快速参考指南应概括常用的功能键、控制序列、格式、命令或软件使用的其他关键信息。

7 注释

本章应包括有助于了解文档的所有信息（例如背景、术语、缩略语或公式等）。

9.2.22　研制总结报告

9.2.22.1　编写目录

1 范围
1.1 标识
1.2 系统概述
1.3 文档概述
2 引用文档
3 任务来源与研制依据
4 软件概述
5 软件研制过程
6 质量控制情况
7 质量保证情况
7.1 质量保证要求
7.2 质量保证实施情况
8 软件出现的技术问题及解决情况
9 配置管理情况
9.1 软件配置管理要求
9.2 软件配置管理实施情况
9.3 软件配置状态变更情况
10 软件安全性、保密性等关键需求情况
11 软件满足任务指标情况
12 测量和分析
13 其他
14 结论
15 注释

9.2.22.2　编写指南

1 范围

1.1 标识

本节应描述本文档适用系统和软件的完整标识，适用时，包括其标识号、名称、缩略名、版本号和发布号。

1.2 系统概述

本节应概述本文档适用系统和软件的用途。描述系统和软件的一般特性（如规模、安全性、可靠性、实时性、技术风险等特性），概述系统开发、运行和维护的历史，标识项目的需方、用户、开发方和保障机构等，标识当前和计划的运行现场，列出其他有关文档。

1.3 文档概述

本节应概述本文档的用途和内容，同时阐述与其使用相关的安全保密要求。

2 引用文档

本章应列出引用文档的编号、标题、编写单位、修订版次及日期，并提供无法通过正常渠道获得的文档的来源信息。

3 任务来源与研制依据

本章应描述任务的来源情况，描述该任务的研制依据。

4 软件概述

本章应明确软件用途、主要功能、性能要求，软件运行依附的设备的外部逻辑关系，软件系统内部多个计算机软件配置项之间的构成关系，及其开发语言、开发平台、运行平台、代码规模、软件版本、软件关键性等级等信息。明确软件组成部件的开发状态/类型，如新开发的部件、重用的部件、为重用而开发的部件等。

5 软件研制过程

本章应概述软件研制过程开展情况，描述软件参加系统联试、试验考核等情况，以及功能和性能指标、软件需求（含接口需求）、软件设计、软件代码等的重大变更情况，描述各工程活动的计划起止时间、实际起止时间、主要工作及完成情况、进度执行情况（如按时、提前或延迟，以及原因）等。

从 5.1 节开始编号，应分若干节描述以下内容：

1）系统需求分析：应描述系统需求分析采用的分析、验证方法，工作产品的主要内容。

2）系统设计：应描述系统设计采用的设计、验证方法，工作产品的主要内容。

3）软件需求分析：应描述软件需求分析采用的分析、验证方法，工作产品的主要内容。

4）软件设计：应描述软件设计采用的分析、验证方法，工作产品的主要内容。

5）软件实现和单元测试：应描述软件实现和单元测试采用的方法、测试结论。

6）单元集成与测试：应描述单元集成与测试采用的方法、测试结论。

7）CSCI 合格性测试：应描述 CSCI 合格性测试采用的方法、测试结论。

8）CSCI/HWCI 集成和测试：应描述 CSCI/HWCI 集成和测试采用的方法、测试结论。

9）系统合格性测试：应描述系统合格性测试采用的方法、测试结论。需要时，还应描述软件第三方测评、基地试验、部队试验、需方试验试用、随所属设备或系统参加考核试验等简要经过（时间、地点、目的）、采用的试验方法、试验结论等。

编写示例：

5 软件研制过程

×××软件按照研制流程进行了研制，研制技术流程图如下图所示。

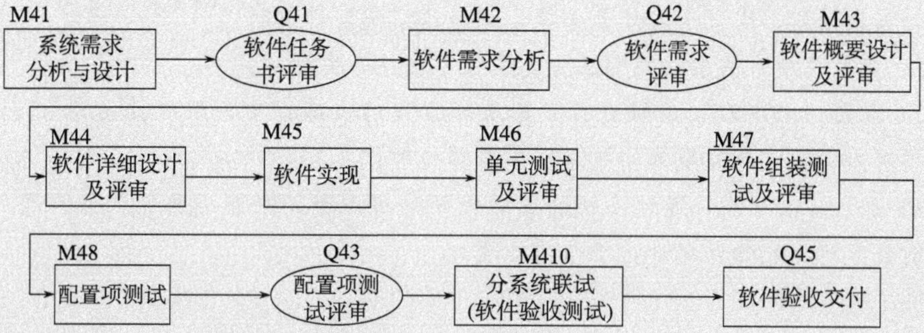

各研制过程的进展情况见下表。

序号	阶段	起止时间	软件产品	完成情况
1	系统需求分析与设计	2013－09－16—2013－09－30	软件系统设计说明	按进度完成
			软件开发计划	
2	软件需求分析	2013－11－01—2013－11－15	软件需求规格说明	按进度完成
			软件配置项测试计划	
3	软件设计与实现	2013－11－16—2014－03－14	软件设计说明	按进度完成
			软件单元测试计划/说明	
			软件单元测试记录	
			软件单元测试问题报告	
			软件单元回归测试说明	
			软件单元回归测试记录	
			软件单元测试报告	
			软件用户手册	
4	软件测试	2014－03－15—2014－04－23	软件配置项测试说明	按进度完成
			软件配置项测试记录	
			软件配置项测试问题报告	
			软件配置项回归测试方案	
			软件配置项回归测试记录	
			软件配置项测试报告	
			软件系统测试说明	
			软件系统测试记录	
			软件系统测试报告	
5	软件验收与交付	2014－04－24—2014－04－30	软件研制总结报告	按进度完成

5.1 系统需求分析与设计

2013-09-16—2013-09-30，项目组完成了以下各项工作：

1）依据《系统规格说明书》的要求，进行了软件系统分析与设计，明确了软件的功能和性能，定义了内外部接口，编写了系统设计说明；

2）完成了项目的各项策划工作，制订了软件开发计划；

3）2013-09-27，组织进行了本阶段里程碑内部评审，评审共发现38个问题，项目组对评审所发现的问题进行了归零处理；

4）2013-09-28，通过了本阶段里程碑外部评审，评审共发现7个问题，项目组对评审所发现的问题进行了归零处理。

5.2 软件需求分析

2013-11-01—2013-11-15，项目组完成了以下各项工作：

1）项目组依据软件系统设计说明进行了软件需求分析，完成了软件需求规格说明、软件配置项测试计划的编写工作；

2）2013-11-14，组织进行了本阶段里程碑内部评审，评审共发现11个问题，项目组对评审所发现的问题进行了归零处理；

3）2013-11-15，通过了本阶段里程碑外部评审，评审共发现两个问题，项目组对评审所发现的问题进行了归零处理。

5.3 软件设计与实现

2013-11-16—2014-03-14，项目组按计划完成了以下各项工作：

1）2013-11-16—2013-12-13，依据需求规格说明，对软件进行了概要设计和详细设计，对需求中明确的功能、性能及接口，在概要设计中予以设计分配，完成了软件设计说明文档的编写工作；

2）2013-12-13，组织对软件设计说明进行了内部评审，评审共发现9个问题，项目组对评审所发现的问题进行了归零处理；

3）2013-12-14—2014-01-24，依据软件设计说明完成了软件编码和调试；

4）2014-02-08—2014-03-07，按计划完成了单元测试方案设计、单元测试和单元测试文档的编写工作，首轮单元测试发现10个问题，项目组对测试问题进行影响域分析后，对问题进行了归零处理，并进行了单元回归测试；

5）2014-02-21，组织对单元测试方案进行了内部评审，评审共发现6个问题，项目组对评审所发现的问题进行了归零处理；

6）2014-03-08—2014-03-14，完成了用户手册的编写；

7）2014-03-14，组织对单元测试的执行情况和软件设计与实现阶段进行了内部评审，评审共发现4个问题，项目组对评审所发现的问题进行了归零处理。

5.4 软件测试

按计划要求，软件测试阶段需要完成软件配置项测试和软件系统测试。

软件测试阶段主要包括以下活动：

1）2014-03-15—2014-04-11，软件测试组完成了配置项测试设计，依据配置项测试说明对软件实施了配置项测试，完成了配置项测试文档的编写工作。配置项测试共发现4个问题，对测试问题进行影响域分析后，对问题进行了归零处理，并进行了配置项回归测试；

2）2014-03-28，组织对配置项测试就绪情况进行内部评审，评审共发现4个问题，项目组相关人员对评审问题进行了归零处理；

3）2014-04-11，组织对配置项测试执行情况进行了内部评审，评审共发现1个问题，项目组相关人员对评审问题进行了归零处理；

4）2014-03-29—2014-04-22，软件测试组进行了软件系统测试设计，依据软件系统测试说明对软件实施了系统测试，完成了系统测试文档的编写工作；

5）2014-04-11，组织对系统测试就绪情况进行内部评审，评审共发现1个问题，项目组相关人员对评审问题进行了归零处理；

6）2014-04-23，组织对系统测试执行情况和软件测试阶段进行了内部评审，评审共发现1个问题，项目组相关人员对评审问题进行了归零处理。

5.5 软件验收与交付

2014-04-24—2014-04-30，项目组开展了软件研制工作的总结活动，编写了软件研制总结报告，2014-04-29通过了××所××组织的本阶段里程碑内部评审，2014-04-30通过了本阶段里程碑外部评审（验收评审）。

6 质量控制情况

本章应详细阐述软件研制过程中对软件工程产品的质量控制活动，包括但不限于需求文档评审、设计文档评审、各类测试以及必要进行的性能试验、部队试用和在役考核等情况。所描述的情况可涵盖被评审、测试、试用的产品及其中间产品，记录发现的问题总数、严重问题数，以及问题比率（问题数与产品规模的比例）；针对文档，提供问题数与文档页数的对比分析；针对代码，提供问题数和KLOC的比、问题的关闭状态；对于测试活动，还应明确测试的组织架构、测试用例样本数量及测试的轮次等信息。

7 质量保证情况

7.1 质量保证要求

本节应描述合同中软件质量保证的要求。

7.2 质量保证实施情况

本节应概述软件质量保证措施的实施情况，具体包括质量保证组织的构建、质量保证体系的建立以及软件研制各阶段的各项质量保证活动等。这些活动涵盖制定并执行准则规范的情况、对过程活动的评价次数及发现问题数，对工作产品进行评价的次数及发现的问题数，以及对外包单位的质量保证活动的检查情况等。

8 软件出现的技术问题（见下表）及解决情况

需要时，本章应记录软件在研制过程中出现的重大技术问题及其解决方案，涵盖工程研制、系统联试、软件测评、基地试验、部队试验、需方试用等阶段暴露出的主要问题，需详细说明故障现象、故障产生的机理、解决措施及验证情况等。对影响安全、使用效果以及其他对研制工作有重大影响的技术问题，应逐一详细阐述。

序号	问题描述	原因分析	解决措施	试验验证情况	备注

9 配置管理情况

9.1 软件配置管理要求

本节应描述合同中软件配置管理的要求以及对分承制软件配置管理的要求。

9.2 软件配置管理实施情况

本节应描述软件配置管理制度和措施的落实情况。特别是软件测评、基地试验、部队试验、需方试验试用、随所属设备或系统参加考核试验的配置管理工作落实情况。

9.3 软件配置状态变更情况

本节应明确软件配置项及其工作产品版本变更历程，说明每条基线配置情况和适用条件，并标明软件研制工作结束时，软件各配置项的状态或产品基线的状态。

10 软件安全性、保密性等关键需求情况

本章应描述合同中安全性、保密性和其他关键需求（如可靠性、保障性、测试性、维护性等）的要求、设计情况、试验情况、数据分析及处理情况、评估结论等。

编写示例：

×××应用软件在安全性等通用质量特性方面制定了相应的措施，保证××应用软件正常工作。软件通用质量特性设计以及验证情况见下表。

通用质量特性	指标来源	指标要求	验证情况	符合情况
可靠性	《×××任务书》第×.×.×节 《×××需求规格说明》第×.×.×节	单机冗余设计，在轨故障时可切换备份设备	单机采用冗余设计，主备机冷备份，当出现×××故障，软件进行切机操作，切机后软件正常工作	满足
…	…	…	…	…

续表

通用质量特性	指标来源	指标要求	验证情况	符合情况
安全性	《×××任务书》第×.×.×节 《×××需求规格说明》第×.×.×节	软件设计过程中，对重要数据（当前回放数据块、当前记录数据号以及内存下卸 MRAM 区关键数据）进行三冗余存储，采用三取二判决，使用两两相与再相或作为最终结果	软件对重要数据（当前回放数据块、当前记录数据号以及内存下卸 MRAM 区关键数据）进行读取时进行三取二判决，三区相等或任两区相等或三区不等时，使用两两相与再相或作为最终结果	满足
	《×××任务书》第×.×.×节 《×××需求规格说明》第×.×.×节	对信息进行安全设计：程序中的重要标志变量两种状态的取值码距大于 1 bit，标志变量包含定轨禁止允许状态、清狗标记使能、上注有效标记、Tmark 中断标记、接收上注数据标志	通过代码审查确认程序中的重要标志变量码距大于 1bit，其中，定轨禁止允许状态 gOrbitEnable[3]采用 0x55 和 0xFF 表示，清狗标记使能 GL_Dog_Enable、上注有效标记 UP_Nav_Data_flag、Tmark 中断标记 TMARK_INT_Flag、接收上注数据标志 UpDataFlag 使用 0x00 和 0x07 表示，均满足标志变量的两种状态取值码距大于 1bit，不会出现单粒子翻转后打翻到另外一种状态	满足
…	…	…	…	…
维修性	《×××任务书》第×.×.×节 《×××需求规格说明》第×.×.×节	当×××软件程序不满足用户需求或出现故障时，可以通过地面在轨上注新版本程序	软件可根据通信协议要求上注新版本程序进行在轨维修，若上注成功，软件能够正确运行新版本程序，若上注失败，软件运行旧版本程序	满足
…	…	…	…	…
测试性	《×××任务书》第×.×.×节 《×××需求规格说明》第×.×.×节	软件具备自检功能，具备实时监测关键参数状态并分析、处理有关的状态信息，将故障信息下传地面的功能	软件接收到上位机发送的自检命令后（激励），对××设备的 CPU 运算、FLASH 读写、RAM 读写进行自检，自检完成后，将自检结果发送给上位机	满足
	《×××任务书》第×.×.×节 《×××需求规格说明》第×.×.×节	软件具有设备状态收集功能并将收集结果下发地面	软件通过内部遥测轮询指令获取各设备状态工况，组帧后按照 2 s 为周期下发地面	满足
…	…	…	…	…

续表

通用质量特性	指标来源	指标要求	验证情况	符合情况
保障性	《×××任务书》第×.×.×节 《×××需求规格说明》第×.×.×节	软件具备故障自恢复功能，出现未用中断异常、程序跑飞、状态机故障能够自动恢复且正常运行	软件进入未用中断(外部中断0、定时器中断1)、跑飞到空白区，则死循环等待狗咬复位，复位后软件正常运行。DUT内部所有状态机状态都可以正常跳转，均能够进行正确的安全实现，能够从异常状态中恢复	满足
…	…	…	…	…
空间环境适应性	《×××任务书》第×.×.×节 《×××需求规格说明》第×.×.×节	在使用存储器时，SDRAM存储器都打开了EDAC校验功能，增强存储器件抗单粒子翻转的能力	软件上电初始化时使能SDRAM的EDAC，软件运行过程中若发生一位单粒子翻转，则自动纠正；若发生两位EDAC错误，则触发软件陷阱，软件复位，复位后软件正常运行	满足
…	…	…	…	…

11 软件满足任务指标情况

本章应对照合同（研制任务书、技术协议等）说明软件任务所要求的功能和性能等指标，并根据软件测评和试验的结果，逐项说明指标的满足情况。

示例：

序号	指标章节号	要求	实测值	数据来源	考核方式	符合情况

注：1. 指标章节号沿用合同(研制任务书)原章节号。
2. 要求是软件任务所要求的功能和性能指标。
3. 数据来源栏填写实测值引自的相关报告、文件，如基地试验报告、仿真试验报告等。
4. 考核方式栏可填演示、分析、评审、测试测评、系统试验等。

12 测量和分析

本章可使用图表对开发期间产生的数据进行汇总和分析，包括：

1）进度执行情况的数据，如按时、提前或延迟以及原因；

2）产品质量，如软件重用率，设计、编码、测试等阶段的错误率，或缺陷分布情况，原因分析；

3）工作量情况，如计划工作量和实际工作量（开发、配置管理、质量保证或按阶段统计）；

4）生产效率，如程序的平均生产率、文档的平均生产率；

5）需要时，费用使用情况，如计划费用与实际费用。

13 其他

需要时，描述标准化大纲实施情况、主要配套产品的质量及测试情况、供货保障情况等。

14 结论

本章应描述软件工程化实施情况，说明软件功能和性能指标是否满足合同（技术协议或软件任务）的要求，给出软件是否可以交付需方使用的结论。

15 注释

本章应包括有助于了解文档的所有信息（例如背景、术语、缩略语或公式）。

9.3 文档封面格式要求

9.3.1 某项目软件文档封面

密级：

×××项目计算机软件文档

文档控制号：×××－×.×××.×××/××/×.×× *

系统名·子系统名·配置项名/文档类型/版本号·修订号

[软件名称]

[文档名称]

编制单位：×××××××	参加单位：×××××××
编 制 人：×××××××	日　　期：×××××××
审　　核：×××××××	日　　期：×××××××
批　　准：×××××××	日　　期：×××××××

* 关于“文档控制号”的规定，参见第 6 章。

9.3.2 文档修改记录页

版本号	日　期	所修改章节	所修改页	备　注

说明：

版本号：如果是修改内容，指被修改文档版本号；如果是新增内容，指当前文档的版本号。版本编号见第 6 章；

日　期：指修改日期；

所修改章节：指被修改文档的章、节号；

所修改页：指被修改文档的页号；

备　注：说明是新增加的章节或其他。

第 10 章　软件能力评估

软件系统研制完成后，通常需进行能力评估。软件能力评估是验收前的关键环节，旨在依据研制要求和相关标准规范，验证软件系统需求的满足程度、使用适应性、质量特性及软硬件的匹配性、协调性和有效性，从而识别软件能力的不足之处和使用限制。

本章阐述了软件能力评估的原则、依据、时机、对象、内容、评估过程与方法、数据及报告，并给出了能力评估示例等。本章内容适用于软件系统研制完成后，通过测试、试用等手段对软件系统的能力进行评估的工作场景。

10.1　评估原则

评估原则的内容主要包括：

1）贴近实际应用。软件能力评估应尽可能贴近实际使用要求，对软件是否完成典型使用的能力及其适应性进行评估。

2）独立性。软件能力评估应综合来自测试、用户试用的相关数据，由第三方或合同甲方独立开展评估。

3）客观性。软件能力评估方法应科学、合理、可行，避免主观因素影响，保证评估过程与结果的客观、有效。

10.2　评估依据

评估依据的内容主要包括：

1）相关标准规范；

2）研制要求（或研制任务书、研制合同）；

3）测试大纲、测试报告；

4）系统规格说明、软件研制任务书（若有）、软件需求规格说明等；

5）其他依据性文件。

10.3　评估时机

软件能力评估宜在系统测试和用户试用完成后、系统验收前进行。此外，根据系统实际使用情况，可在运行一段时间后再次评估。评估应随软件能力的迭代升级持续进行。

通常的评估时机包括：

1）系统验收前。基于软件测试、联调、试验及试用结果和数据，采用自底向上的方式，从设备、分系统至系统逐级评估软件能力。评估过程中可酌情采用研制阶段的测试数据。

2）运行阶段。在系统验收评估的基础上，结合实际运行的结果、数据，以及暴露的问题，采用自顶向下的方式，从系统、分系统至设备逐级对软件能力进行评估，评估其是否具备完成典型使用场景的能力。其间，可根据实际需求分阶段进行评估。

3）其他。在软件系统生命周期的重要里程碑节点或者系统使用过程中根据需要进行评估。评估主要采用使用过程中获取的数据和暴露的问题，评估软件是否具备长周期下完成使用要求的能力，为系统改进提供参考依据。

10.4 评估对象

评估对象主要包括：

1）系统配套的新研、改进软件；

2）以应用软件为研制主体的系统中的新研、改进软件；

3）合同甲方指定评估的其他软件。

10.5 评估内容

评估内容主要包括：软件的使用需求满足性；软件的使用适应性；软件的使用质量特性。

1）软件的使用需求满足性评估的主要内容：

a）软件是否适应不同类型使用情况下运行方式；

b）软件是否能够在规定的典型场景下完成规定的功能，以及完成功能的有效性；

c）软件是否能够根据变化，完成不同场景下的切换，并保证使用的连续性；

d）软件是否满足与其他系统互联、互通、互操作的实时性和有效性；

e）软件的最低能力是否满足使用需要；

f）其他。

2）软件的使用适应性评估的主要内容：

a）软件功能性能等是否能够适应不同的地理、气象等自然环境和时节对系统使用的影响；

b）软件功能性能等是否能够适应复杂环境对系统使用的影响；

c）软件依赖的数据、模型、处理能力以及边界的处理是否不低于实际的使用条件和约束；

d）其他。

3）软件的使用质量特性评估的主要内容：

a）评估软件长时间无故障工作能力；

b）评估软件在发生系统故障时的危害隔离、抑制能力，恢复或降级使用能力；

c）评估软件在受到攻击时、非法访问时的状态检测以及人员安全、设备安全、数据安全保证能力；

d）保障的适宜性，如快速保障、再次部署等，以及适应使用的快速升级能力；

e）软件的操作使用是否能够适应人机工效的要求，适应使用或操作员长时间工作要求；

f）其他。

10.6　评估管理

10.6.1　组织实施

软件能力评估工作通常由合同甲方指定具备相应资质的单位或软件测评机构作为评估单位。

软件能力评估相关要求及项目安排等通常应在合同中明确。

10.6.2　过程控制

应对软件能力评估活动进行过程控制，具体内容包括：

1）按照策划、设计、实施和总结，对评估活动进行里程碑管理和基线控制；

2）评估过程中测试/试用/使用数据、测试/试用/使用结论与评估矩阵、评估工作产品应纳入基线控制，并与软件技术状态明确对应；

3）当测试/试用/使用数据发生变化时，应重新进行评估，并更新基线内容；

4）当被评估软件技术状态发生变更时，应重新进行评估，并形成新的基线。

10.6.3　质量控制

软件能力评估过程中应开展全面的质量控制，保证评估质量受控：

1）各阶段评估活动应由评估机构组织内部评审；

2）评估人员应具备相应的专业资质和领域背景。

10.7　评估过程与方法

10.7.1　评估过程

1）策划阶段。应根据研制要求，对软件能力评估工作进行整体策划。明确软件能力评估工作的范围、目标、主要节点和任务分工等。

2）设计阶段。应根据研制要求等，编制《软件能力评估大纲》（见10.9.10节）。明确软件能力评估的内容、方法、准则、环境、工具、数据要求，以及技术状态控制要求和质量保证措施，同时对评估人员提出具体要求等。该大纲需根据评估阶段和评估对象的技术状态进行迭代。合同甲方应负责组织对大纲进行审查或补充审查。

3）实施阶段。应按照《软件能力评估大纲》开展能力评估，采集、分析和处理测试、使用过程中产生的数据，并形成相应的评估结果。需明确评估的技术状态，确保评估过程可重复、可追踪，评估结果可复现。评估数据不能满足评估需求时，应及时提出完善数据的需求。

4）总结阶段。评估单位应依据评估结果编制“软件能力评估报告”，客观描述评估过程、数据和结论，并确保评估结论可追溯。合同甲方应组织对评估工作的充分性、有效性、客观性，以及评估结论的有效性、适宜性进行审查，给出是否接受的明确意见。

10.7.2 评估方法

（1）准备工作

软件能力评估通常采用测试、试用和使用中获取的数据，围绕典型应用进行综合评估。评估前通常应明确以下四个方面：

1）被评估软件配置：明确评估中软件的配置信息，包括正常配置、简化配置、应急/降级配置等；

2）软件能力要求：明确软件能力的具体要求，包括使用样式、环境、过程、条件等约束；

3）评估使用数据：明确评估数据的来源和用途，如软件测试数据、用户试用数据、用户使用数据等；

4）利益相关方：明确与软件系统使用、维护保障相关的所有利益相关方。

（2）软件需求获取

软件需求是软件能力的基础，功能的组合体现软件能力。软件需求获取依据系统、软件的研制任务书、需求、设计文件，采用自上而下的方法从系统级逐层分解至软件配置项级。软件需求获取的主要目的是建立不同层级需求之间的映射关系，确保不同层级软件需求的充分性、完整性和协调性。必要时，可采用自下而上的方法逐层向上进行检验。

软件需求获取应考虑以下原则：

1）充分性。即上一级的需求应当全部被分解至下一层级。

2）完整性。需求应包括功能需求和非功能需求。

3）协调性。需求之间应保持协调一致，避免同一层级、不同层级需求之间的矛盾。

4）可验证。需求应能在本层级及其他层级进行验证。

（3）软件能力项获取

1）软件能力分类。软件能力体现了不同利益相关方对软件在不同使用阶段、不同领域的要求。按相关程度，可分为业务能力和专项能力，业务能力指业务全过程中，面向业务完成的各软件功能的综合体现；专项能力则面向某一利益相关方，或不同业务阶段、领域，体现各软件功能综合，如维护保障过程中的软件能力、面向人机交互的软件能力等。

2）软件业务能力项获取。依据研制要求所规定的典型运行场景、业务能力清单，围绕系统的业务场景、流程等，按照系统执行典型业务时的流程，采用自上而下的方法，将系统业务能力逐层分解至分系统、设备级，并将业务特征映射至各软件配置项。按照业务流程，将业务涉及软件的相关功能进行聚合，形成软件业务能力项。软件业务能力项内容一般包括业务涉及的软件、典型的运行场景（环境）、软件运行约束、软件状态/模式、软件运行时序、处理性能、依赖数据、输入/输出等。

3）软件专项能力项获取。依据研制要求所规定的典型业务环境和通用质量特性等，围绕系统的使用与维护保障需求，按照系统和设备的工作流程，将具体要求逐层分解至分系统、设备级，并进一步映射到各软件配置项。根据专项能力的分类，将涉及软件的相关功能进行聚合，形成软件专项能力项。这些能力项内容通常涵盖：业务相关的软件、专项能力分类、典型的运行场景（或环境）、软件运行约束、软件状态/模式、软件运行时序、处理性能、依赖数据、输入/输出等。软件专项能力项获取时可采用“通用”＋“专用”的方法，以全面反映不同类型系统对软件的能力要求。

4）软件能力项检查。获取软件能力项后，可根据需要从软件使用需求满足性、使用适应性以及软件的使用质量等方面进行检查，检查内容主要包括：

a）充分性。确保上一层的能力项能够完全分解到下一层，直至无法进一步分解。

b）可追踪。确保下一层的能力项能够追溯至上一层，存在孤立的能力项应说明原因。

c）协调性。保证每一层级关联能力项的静态要求和动态特性相互协调。

d）业务相关性。能力项应紧密关联业务，开发、调试、保障等非直接能力原则上不予评估。

e）连续性。软件业务能力项应能完整、连续地反映业务过程。

f）依赖约束显式化。每项能力项应明确其实现约束、适用条件/场景及依赖的数据，确保关联能力的约束协调一致。

（4）软件能力评估矩阵构建

1）构建原则。软件能力评估矩阵主要是明确每个软件能力项的评估方法，包括测试/试用/使用类型、环境、数据及结果评估准则等，以评估各软件是否具备完成任务的能力。构建时应遵循以下原则：

a）充分性。确保每项能力至少被一种测试/试用/使用类型覆盖，且至少有一种测试结果能反映能力满足情况。

b）相容性。同一项能力的多种测试/试用/使用类型的测试/试用/使用条件不应出现矛盾。

c）合理性。结果评估准则应能有效处理测试/试用/使用结果中的偏差或矛盾。

2）构建方法。在已获取的软件能力项基础上，根据测试/试用/使用类型确定每个能力评估项的评估数据来源。针对各软件能力项，明确相应的评估方法，包括测试/试用/使用类型、条件、环境及结果评估准则，形成软件能力评估矩阵。

确保各层级相关能力的评估方法协调一致，同一任务流程中的软件能力评估方法也应保持协调。

（5）执行评估

1）数据使用原则。软件能力评估使用的数据来源于测试/试用/使用等活动，应遵循以下原则：

a）优先使用目标环境中的测试/试用/使用数据，其次考虑实验室数据；

b）优先使用系统级测试/试用/使用数据，其次考虑分系统、设备级数据；

c）优先使用动态测试/试用/使用数据，其次考虑静态数据；

d）优先使用故障数据进行分析，其次考虑正常数据。

2）综合评估。当数据采集与校核完成，并满足评估条件后，即按照规定方法开展评估工作。评估过程需确保客观性与可重复性，评估结论也应秉持客观、审慎的态度。当无法给出完整的评估结论时，可根据现有的数据给出临时评估结论，应明确标注使用的数据与方法，当条件成熟时，再进行全面评估。对于评估中出现的偶发异常数据，可先进行记录，待数据完备后，对相关部分进行重新评估。

依据各种评估数据，对软件各能力项进行评估，并分别给出各软件（业务）能力项的评估结论，进而综合得出软件能力的整体评估结论。

3）评估判据。评估结论划分为完全满足、有条件满足及不满足三类：

a）完全满足。当下层每一项子能力全部满足要求时，对应的上层的能力才能被评估为满足要求；当一项能力对应的所有测试/试用/使用均通过时，该项能力才能被评估为满足要求；若全部能力均满足要求时，则软件能力判定为完全满足。

b）有条件满足。在特定的条件下，软件能力达到要求；当测试/试用/使用条件、结果与要求存在可接受范围内的偏差时，则判定为有条件满足。

c）不满足。当测试/试用/使用条件、结果与要求存在显著偏差或无法获得测试/试用/相关结果时，判定为不满足能力。

10.7.3 评估结论

软件能力评估结论通常涵盖：

1）建议通过，符合评价标准。

2）建议带遗留工作（问题）通过，遗留工作（问题）对系统性能及使用适用性等影响轻微，并已获得相关方认可。

3）建议不通过，软件能力评估结果不符合通过标准，对系统性能及使用适用性等有显著影响。

10.8 数据及报告

10.8.1 数据要求

评估数据应真实、有效、受控，与被评估软件的技术状态匹配。

1）客观性：数据必须源自真实的测试/试用/使用；

2）有效性：数据需在规定的测试/试用/使用条件下获取，且软件技术状态与评估对象一致；

3）完整性：数据应覆盖能力的所有要素，无遗漏；

4）准确性：数据必须准确无误，无错误或精度缺失；

5）充分性：数据需满足评估方法对数据样本量、运行场景的要求。

10.8.2 数据采信

软件能力评估数据的采信需考虑测试/试用/使用数据对应的软件的技术状态，测试/试用/使用环境等因素，确认其不对评估结果产生影响后方可采信。

软件能力评估工作可以采信前一阶段的评估工作，但应根据本阶段的数据对前一阶段的评估工作进行完善和修正。

10.8.3 工作产品

软件能力评估的工作产品为评估大纲和评估报告。评估报告应详细记录评估对象、内容、所用数据与方法、过程及结论等内容。大纲与报告的内容及格式参见 10.9 节。评估结束后，合同甲方应组织审查软件评估工作的充分性和有效性。

软件评估工作需随软件技术状态的变化持续迭代，评估报告应根据评估的目的和对象的技术状态实施基线管理。

10.9 软件能力评估示例

10.9.1 软件能力评估大纲示例

1 任务来源

依据《××软件能力评估合同》要求，明确××软件为软件能力评估单位，承担××软件能力评估工作，任务完成时间为 20××年××月。

委托方：××部；地址：××市××路××号；联系人及联系方式：×××××。

研制单位：××所；地址：××市××路××号；联系人及联系方式：×××××。

评估单位：××；地址：××市××路××号；联系人及联系方式：××××。

2 依据文件

2.1 管理类文件

管理类文件见下表。

序号	文件/标准名称	标识	发布日期	来源
1	软件测评通用要求	××号	××年××月	××××部
2	软件能力评估指南	××号	××年××月	××××部
3	××软件能力评估合同	××号	××年××月	××所
4	依据的国家标准××	GB ××—20××	××年××月	××××部

2.2 顶层技术文件

顶层技术文件见下表。

序号	文件/标准名称	标识	发布日期	来源
1	××软件研制立项批复	××号	××年××月	××××部
2	××软件研制要求	××号	××年××月	××××部

2.3 数据来源文件

数据来源文件见下表。

序号	文件/标准名称	标识	发布日期	来源
1	××软件系统规格说明	××	××年××月	××所
2	××软件研制任务书	××	××年××月	××所
3	××软件需求规格说明	××	××年××月	××所
4	××软件测评大纲	××	××年××月	××
5	××软件测评报告	××	××年××月	××
6	××软件试用大纲	××	××年××月	××××部
7	××软件试用报告	××	××年××月	××××部
8	××软件使用大纲	××	××年××月	××××部
9	××软件使用报告	××	××年××月	××××部
10	××软件通用质量特性评估大纲	××	××年××月	××
11	××软件通用质量特性评估报告	××	××年××月	××

3 评估对象

3.1 系统概述

3.1.1 用途

×××应用系统作为×××，适用于×××、……、×××等平台，主要用于×××，主要用途包括：

1）×××；

2）×××；

……

3.1.2 主要指标

1）×××；

2）×××；

……

3.1.3 典型业务场景

1）×××；

2）×××；

……

3.1.4 系统组成

××（××名称）由×××、×××等分系统组成，××组成示意图见下图。

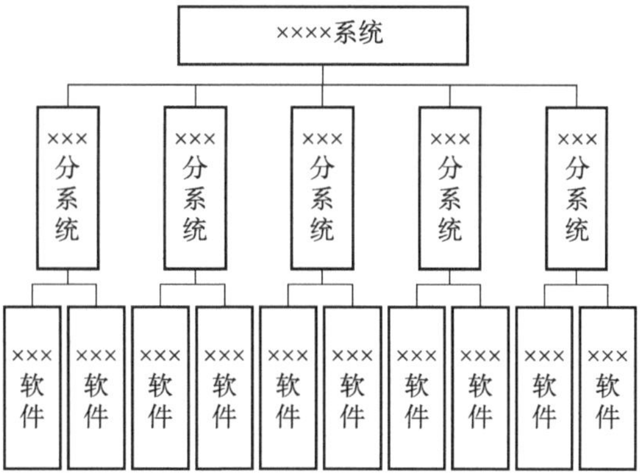

3.1.5 系统外部接口

××（××名称）外部接口主要包括：

1）×××；

2）×××；

……

注：××外部接口为 ××系统在××体系中的接口。

3.2 软件概述

3.2.1 软件构成与部署

××（××名称）软件由×××、×××等软件组成，分别部署在××上。软件构成信息与部署情况如下图所示，见下表。

序号	软件名称	所属××系统/设备	版本	重要度等级	研制状态	运行环境	开发环境	代码规模	研制单位

注：研制状态包括新研、改进、沿用、货架等。

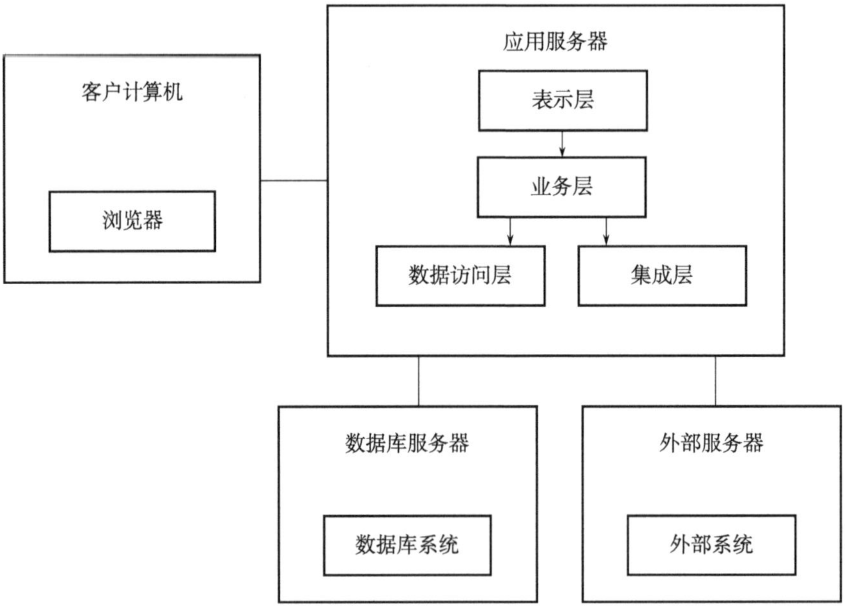

注：必要时可在上图中表明软件的内外部接口。

3.2.2 软件主要功能及性能

软件主要功能如下：

1）×××；

2）×××；

……

软件主要性能如下：

1）×××；

2）×××；

……

4 评估策略与方法

本次软件能力评估采用以下评估策略与方法：

1）采用自下而上的策略开展，先开展分系统/设备级软件能力评估，然后开展系统级软件能力评估；在开展系统级能力评估时，优先开展××相关软件能力项评估，然后开展××系统级能力项评估。

2）本次软件能力评估在系统验收前开展，采用测试/试用/使用以及通用质量特性的结果、数据综合开展软件能力评估工作；围绕典型使用场景进行综合评估，评估其是否具备完成典型使用场景的能力。

3）软件能力评估使用的数据来自测试/试用/使用测试的结果，评估数据优先使用目标环境中的数据，而后使用实验室数据，优先使用系统级测试/试用/使用数据，而后使用分系统、设备数据，优先使用动态测试/试用/使用数据，而后使用静态数据，优先使用故障数据，而后使用正常数据。

4）当软件能力评估过程中，软件技术状态发生变更时，应进行影响域分析，评估变更对软件能力项及相关测试/试用/使用结论的影响。必要时，相关单位应提交相关补充测试/试用/使用结果，软件能力评估单位根据提交的补充数据进行补充或重新评估。

5）当软件能力评估活动中，针对同一能力项的相关测试结果/结论出现较大偏离或相悖时，应暂停评估活动，直至达成一致的处理措施。

5 软件需求

本系统软件需求来源与研制要求、系统需求规格说明、软件需求规格说明，涵盖了功能、性能等需求类型。需求的逐层追溯关系见下表。

序号	研制要求	系统规格说明	软件需求规格说明
1	二、使用要求和技术指标 (一)功能要求 1. 具备应用与服务管理能力	3.2.1 应用与服务管理 3.2.1.1 系统门户 3.2.1.2 模型管理 3.2.1.3 应用管理 3.2.1.4 服务管理	4.2.1.1 登录门户 4.2.1.2 单点登录 4.2.1.3 个人中心 4.2.1.4 内容管理 4.2.1.5 文档管理 4.2.1.6 字典管理 4.2.1.7 标签管理 4.2.1.8 工单管理 4.2.1.9 用户管理 4.2.1.10 角色管理 4.2.1.11 权限管理 4.2.2.1 模型目录 4.2.2.2 模型查询 4.2.2.3 模型分类 4.2.2.4 模型标签 4.2.2.5 模型概要 4.2.2.6 模型详情 4.2.2.7 模型文件管理 4.2.2.8 模型授权 4.2.2.9 模型访问

序号	研制要求	系统规格说明	软件需求规格说明
1	二、使用要求和技术指标 (一)功能要求 1. 具备应用与服务管理能力	3.2.1 应用与服务管理 3.2.1.1 系统门户 3.2.1.2 模型管理 3.2.1.3 应用管理 3.2.1.4 服务管理	4.2.2.10 模型导入(上传) 4.2.2.11 模型下载 4.2.3.1 应用部署 4.2.3.2 生命周期管理 4.2.3.3 应用更新 4.2.3.4 版本管理 4.2.3.5 运行监控管理 4.2.3.6 应用注册 4.2.3.7 应用发布 4.2.3.8 应用审核 4.2.4.1 服务注册 4.2.4.2 服务发布 4.2.4.3 服务审核 4.2.4.4 访问控制 4.2.4.5 服务试用 4.2.4.6 服务分类 4.2.4.7 服务统计
2	……	……	……

6 评估内容

6.1 软件业务能力项

××（名称）软件业务能力项见下表。

标识号	软件业务能力项	能力来源	能力级别	业务场景	约束条件	涉及软件	备注
××名称-01-01	具备应用与服务管理能力	《××研制要求》 二、使用要求和技术指标 (一)功能要求、系统规格说明 3.2.1 应用与服务管理	应用服务平台分系统	在信息共享业务场景、数据分析业务场景、设备管理业务场景下,进行应用门户管理认证和权限控制、模型产品分类管理、分级访问和评价,应用软件发布、服务审核、访问控制、服务试用、服务分类和统计功能,考核应用与服务管理的能力	1)应用与服务平台已经完成部署,用户可以登录使用 2)软件能力评估人员具备普通用户A、管理用户B的权限	应用服务平台软件	—
……	……	……	……	……	……	……	……

注:1. 标识号建议采用“××名称+评估层级+能力编号”,是软件能力项的唯一索引号;可根据需要分级描述软件任务能力项。

2. 能力来源是对研制要求、系统规格说明等依据文件的追踪说明,说明来源文件的章节号和章节名称。

3. 能力级别说明软件任务能力项所属的分系统/设备。

4. 约束条件包括能力运行的前提条件、部署方式、依赖数据、软件状态等。

5. 涉及软件是指能力级别本层或下一层的软件。

6.2 软件专项能力项

××（××名称）软件专项能力项见下表。

标识号	软件专项能力项	能力来源	专项能力类别	业务场景	运行场景	约束条件	涉及软件	备注
××名称-02-01	平均故障间隔时间(MTBF)≥100 h	《××研制要求》4.3.2 通用质量特性要求	通用质量特性-可靠性	信息共享业务场景、数据分析业务场景、设备管理业务场景	在业务场景下，软件无故障运行至规定的使用强度，统计连续无故障运行的时间	1)应用与服务平台已经完成部署，用户可以登录使用。 2)可在业务场景中连续运行	应用服务平台软件	
……	……	……	……	……	……	……	……	……

注：1. 标识号建议采用"×× 名称＋评估层级＋能力编号"，是软件能力项的唯一索引号；可根据需要分级描述软件任务能力项。
2. 能力来源是对研制要求、系统规格说明等依据文件的追踪，说明来源文件的章节号和章节名称。
3. 专项能力类别说明软件专项能力项所属的类别，如人机工效、通用质量特性或者特定的要求。
4. 约束条件包括能力运行的前提条件、部署方式、依赖数据、软件状态等。
5. 涉及软件是指所有与专项能力相关的软件。

6.3 软件能力评估矩阵

××（××名称）软件能力评估矩阵见下表。

标识号	软件能力项	验证确认方式	验证确认环境	评估数据来源	评估准则	备注
1	平均故障间隔时间(MTBF)≥168 h	实物验证	实物环境	软件试用/使用真实数据	见注 5	
2	……	……	……	……	……	……

注：1. 标识号建议采用"×× 名称＋评估层级＋能力编号"，是软件能力项的唯一索引号。
2. 试验确认方式类型为实物验证、仿真验证、软件测试等。
3. 评估数据来源是具体测试阶段名称；当使用多个来源的数据时，应分别列出。
4. 评估准则应尽量避免使用定性准则，并包括对验证确认结果存在的偏差、相悖的处理。
5. 软件能力评估准则主要分为以下三种情况：
a)全部能力均满足要求时，可评估软件能力满足要求；
b)软件能力在特定的条件下满足要求，并列出满足要求的特定条件，可判定能力为有条件满足要求；
c)当验证条件、结果与要求存在较大偏差或无法给出验证结果时，判定该能力为不满足要求。

7 评估环境

本次软件能力评估在××开展，具体环境如下图所示，使用的相关工具见下表。

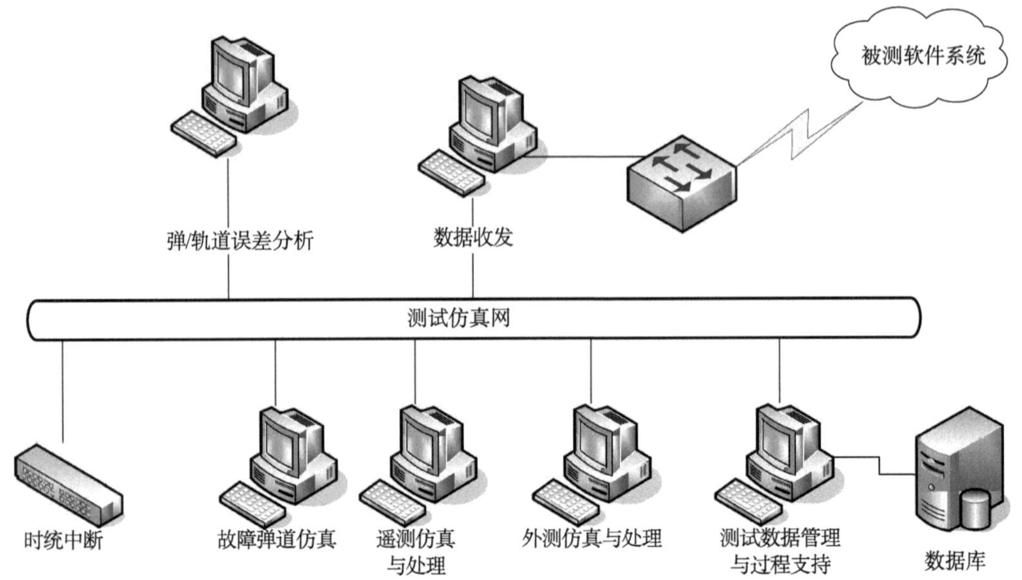

序号	名称	规格/版本	来源	用途	备注
1	WPS	V14.0	××	文档审查、编写软件能力评估文档	—
2	……	……	……	……	……

注：若需补充验证确认工作，则应说明具体的验证确认环境，例如：测试环境。

8 评估使用数据

本次软件能力评估采用软件测试/试用/使用、通用质量特性评估测试取得的数据，具体见下表。

序号	数据名称	来源	阶段名称	用途	备注
1	软件测试数据	《××软件测试报告》	软件测试	用于评估“功能性能指标”	—
2	软件试用数据	《××软件试用报告》	软件试用	用于评估“使用效能、使用适用性指标”能力	—
3	软件使用数据	《××软件使用报告》	软件使用	用于评估“使用效能、使用适用性指标”能力	—
4	通用质量特性数据	《××软件通用质量特性评估报告》	通用质量特性评估	用于评估“通用质量特性”能力	—

9 工作安排

9.1 进度安排

本次评估工作进度安排详见下表。

序号	工作项目	时间	工作内容
1	策划阶段	2024 年 7 月	根据研制要求、规格说明等，对软件能力评估工作进行整体策划，明确软件能力评估工作的范围、目标、主要节点和任务分工
2	设计阶段	2024 年 7 月至 8 月	根据软件测评大纲、试用大纲、使用大纲和通用质量特性大纲，编制软件能力评估大纲。明确软件能力评估的内容、方法、准则、环境、数据要求，以及评估过程中技术状态控制要求、质量保证措施等，并通过软件能力评估大纲评审
3	实施阶段	2024 年 8 月	按照软件能力评估大纲开展能力评估，采集、分析和处理试验与确认过程中产生的数据，形成相应的评估结果。明确评估的技术状态，评估过程可重复、可追踪，评估结果可复现
4	总结阶段	2024 年 9 月	根据评估结果开展编制软件能力评估报告，客观描述评估过程、评估数据和评估结论，评估结论可追溯，与其他测试文件内容协调一致，并通过软件能力评估报告评审

9.2 组织及任务分工

本次软件能力评估工作由××负责。参加的单位包括合同甲方、研制单位、软件测评机构、通用质量特性评估单位，具体任务分工见下表。

序号	单 位	职责
1	合同甲方	提供顶层文件(研制要求等)支撑软件能力评估工作，提供试用大纲和试用报告文档
2	研制单位	负责软件能力清单核对工作 负责协调各家研制单位支撑软件能力评估工作
3	软件测评机构	提供测试大纲和测试报告等相关文档
4	通用质量特性评估单位	提供通用质量特性评估大纲和报告等相关文档

10 评估结束条件

10.1 正常终止

符合下列要求，评估工作正常终止：

1）能力评估项正常终止：该能力评估项的所有评估内容均完成评估；

2）能力评估工作正常终止：所有能力评估项都正常终止。

10.2 异常终止及恢复

异常终止条件分为能力评估项异常终止、能力评估工作异常终止两种情况。

1）能力评估项异常终止：能力评估项使用的评估数据存在较大偏离，无法保证评估结论的有效性；能力评估项状态发生较大变更，且会对整个评估工作产生重大影响。

2）能力评估工作异常终止：评估环境故障或存在重大缺陷不能有效支持评估工作；发生重要能力缺失问题，不满足研制要求等明确的相关要求；除正常终止的评估项外，其他评估项均满足评估项异常终止条件。

当发生上述情况，经批准后可终止能力评估工作。当上述问题得到妥善解决时，可恢复能力评估工作。

11 评估保障

11.1 状态控制

评估工作中将评估工作产品、评估数据、评估环境及工具纳入基线管理，保证所有管理项标识清晰、内容完整、状态受控并可用；评估过程中所有的变更受控，并及时通知各方相关人员。

11.2 质量保证

在能力评估过程中实施质量管理，质量保证人员应验证工作产品及其活动遵循所用标准、规程和环境的情况，客观处理评估过程中发生的质量问题，将质量保证活动的结果通知相关人员。

10.9.2　软件能力评估报告示例

1 任务来源

依据《××软件能力评估合同》要求，明确××为软件能力评估单位，承担××软件能力评估工作，任务完成时间为20××年××月。

委托方：××部；地址：××市××路××号；联系人及联系方式：×××××。

研制单位：××所；地址：××市××路××号；联系人及联系方式：×××××。

评估单位：××；地址：××市××路××号；联系人及联系方式：××××。

2 评估对象

2.1 系统概述

2.1.1 用途

×××应用系统作为×××，适用于×××、……、×××等平台，主要用于×××，主要用途包括：

1）×××；

2）×××；

……

2.1.2 主要指标

1）×××；

2）×××；

……

2.1.3 典型业务场景

1）×××；

2）×××；

……

2.1.4 系统组成

××（××名称）由×××、×××等分系统组成，××组成图如下图所示。

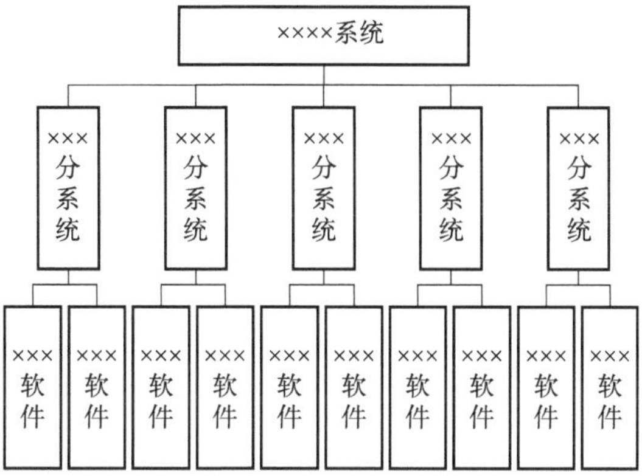

2.1.5 系统外部接口

××（××名称）外部接口主要包括：

1）×××；

2）×××；

……

注：××外部接口为××系统在××体系中的接口。

2.2 软件概述

2.2.1 软件构成与部署

××（××名称）软件由×××、×××等软件组成，分别部署在××上。软件构成信息与部署情况如下图所示和见下表。

序号	软件名称	所属××系统/设备	版本	重要度等级	研制状态	运行环境	开发环境	代码规模	研制单位

注：研制状态包括新研、改进、沿用、货架等。

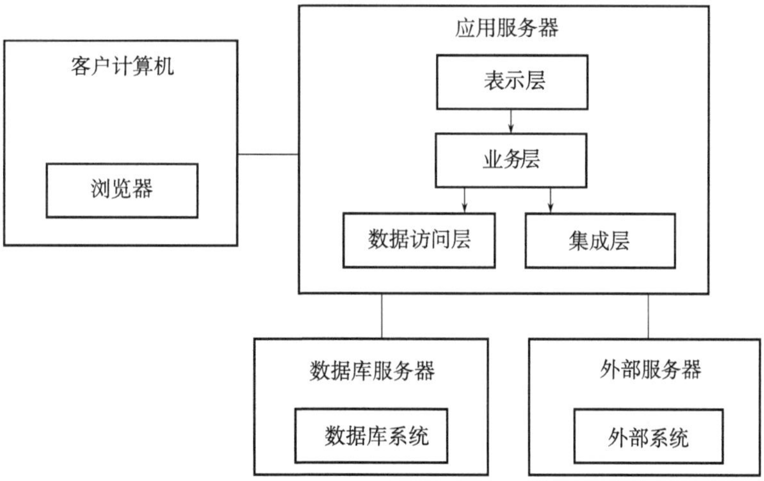

注：必要时可在上图中表明软件的内外部接口。

2.2.2 软件主要功能及性能

软件主要功能如下：

1）×××；

2）×××；

……

软件主要性能如下：

1）×××；

2）×××；

……

3 评估依据

3.1 管理类文件

管理类文件见下表。

序号	文件/标准名称	标识	发布日期	来源
1	软件测评通用要求	××号	××年××月	××××部
2	软件能力评估指南	××号	××年××月	××××部
3	××软件能力评估合同	××号	××年××月	××所
4	依据的国家标准××	GB ××—20××	××年××月	××××部

3.2 顶层技术文件

顶层技术文件见下表。

序号	文件/标准名称	标识	发布日期	来源
1	××软件研制立项批复	××号	××年××月	××××部
2	××软件研制要求	××号	××年××月	××××部

3.3 数据来源文件

数据来源文件见下表。

序号	文件/标准名称	标识	发布日期	来源
1	××软件系统规格说明	××	××年××月	××所
2	××软件研制任务书	××	××年××月	××所
3	××软件需求规格说明	××	××年××月	××所
4	××软件测评大纲	××	××年××月	××

续表

序号	文件/标准名称	标识	发布日期	来源
5	××软件测评报告	××	××年××月	××
6	××软件试用大纲	××	××年××月	××××部
7	××软件试用报告	××	××年××月	××××部
8	××软件使用大纲	××	××年××月	××××部
9	××软件使用报告	××	××年××月	××××部
10	××软件通用质量特性评估大纲	××	××年××月	××
11	××软件通用质量特性评估报告	××	××年××月	××

4 评估过程

4.1 策划阶段

20××年××月××日至 20××年××月××日，软件能力评估项目组在××对××（软件名称）进行了评估策划和准备工作，主要包括：

（1）明确软件配置

××（软件名称）为软硬结合类研制项目，其中包括×个配置项，正常配置××，简化配置××，应急/降级配置××。

（2）明确软件要求

评估方明确评估软件状态基线为相关软件最终版本，各软件的版本信息见 2.2.1 节的表格。依据研制要求、系统需求规格说明、软件需求规格说明等，能力要求为：

a）具备应用与服务管理能力；

b）具备×××能力；

c）……。

（3）评估数据

明确本次评估使用数据来源包括测试/试用/使用、通用质量特性评估数据。

（4）利益相关方

明确×××为××用户方，×××为××保障方，×××为××维护方，×××为××研制方。

4.2 设计阶段

20××年××月××日至 20××年××月××日，×××在×××单位对×××软件进行了评估设计工作，主要包括：

（1）获取软件能力项

根据评估依据文件获取软件业务能力×××项、软件专项能力×××项。其中，××××年××月×××分系统×××设备由于×××进行了×××、×××等软件能力改进，相关的软件能力项进行了相应影响域分析，并调整了软件能力项。

（2）构建软件能力评估矩阵

在获取软件能力项基础上，构建软件能力评估矩阵，明确软件能力评估的内容、方法、准则、环境、工具、数据要求，以及评估过程中技术状态控制要求、质量保证措施，对评估人员的要求等。

（3）编制软件能力评估大纲

20××年××月××日，完成××阶段软件能力评估大纲编制工作，并于20××年××月××日，通过了×××组织的审查，根据评审意见修改完善了《××软件能力评估大纲》。

4.3 实施阶段

20××年××月××日至20××年××月××日，软件能力评估项目组对××系统进行了评估工作，主要包括：

（1）采集数据

1）软件测试阶段。20××年××月至20××年××月，在××开展了软件测试工作，依据软件测试大纲实施测试工作，完成文档审查、功能测试、性能测试、接口测试、人机交互界面测试、强度测试、余量测试、安全性测试、边界测试、安装性测试等×种测试类型共××个用例的测试；测试过程中共发现××个问题，经过回归测试后，所有问题均已修改并未引入新的问题。系统测试完成文档审查、功能测试、性能测试、接口测试、安装性测试、边界测试、余量测试和安全性测试等×种测试类型共××个用例的测试；测试过程中发现××个问题，经过回归测试后，所有问题均已修改并未引入新的问题。符合软件测试大纲规定的测试通过准则，满足研制要求和系统规格说明中规定的各项功能、性能等指标要求。

2）软件试用阶段。20××年××月至20××年××月，××单位依据研制要求、软件试用大纲，在××开展软件试用，重点对功能性能指标开展符合性测试。

完成了试用大纲规定的××项功能测试、××项性能测试、××项边界条件测试，××项通用质量特性要求，××项其他要求，均达到要求。

3）通用质量特性试验阶段。20××年××月至20××年××月，××单位在××单位开展了通用质量特性验证，完成了可靠性、维修性、测试性、保障性、安全性、环境适应性验证。通用质量特性验证中，可靠性试验出现了×次故障，经分析为非责任故障，且经过了验证，其他验证中，未发生故障。

4）软件使用阶段。20××年××月至20××年××月，共安排了×个测试项目，目前已完成×个测试项目。软件使用分为两个阶段进行，分别在××单位、××单位完成了所有软件使用项目。软件使用中未发现系统存在的严重技术质量问题，软件使用共发现×条问题，已全部在使用过程中完成问题整改。

（2）执行评估

20××年××月，软件能力评估组采用软件测试、软件试用、软件使用、通用质量特性验证取得的数据，与评估准则比较，得到评估结果。

4.4 总结阶段

20××年××月至 20××年××月，对××系统评估工作进行了总结，编制了《××软件能力评估报告》，并于 20××年××月××日，通过了×××组织的审查，根据评审意见修改完善了《××软件能力评估报告》。

5 评估内容、方法和结果

5.1 评估内容

5.1.1 软件业务能力项评估

××（名称）软件业务能力项评估情况见下表。

标识号	××名称-01-01	……
软件业务能力项	具备应用与服务管理能力	……
能力来源	《××研制要求》 二、使用要求和技术指标 （一）功能要求 （二）性能要求 1）可管理服务数量≥100 个 2）能够采集使用信息的日志种类：应用访问日志、服务访问日志、门户登录日志和操作日志等、《××系统规格说明》中的 3.2.1 应用与服务管理	……
能力级别	应用服务平台分系统	……
业务场景	在信息共享业务场景、数据分析业务场景、设备管理业务场景下，进行应用门户管理认证和权限控制、模型产品分类管理、分级访问和评价，应用软件发布、服务审核、访问控制、服务试用、服务分类和统计功能，考核应用与服务管理的能力	……
约束条件	1）应用与服务平台已经完成部署，用户可以登录使用 2）软件能力评估人员具备普通用户 A、管理用户 B 的权限	……
评估数据来源	软件使用真实数据	……
测试数据及结果	1）具备模型产品分类管理、分级访问和评价功能 2）具备服务分类管理功能，提供统一智能服务目录 3）提供应用门户管理、认证和权限控制功能 4）能够记录、追溯应用和服务的使用信息 5）服务管理数量为 110 个 6）采集日志种类包括应用访问日志、服务访问日志、门户登录日志和操作日志	……
评估准则	在信息共享业务场景、数据分析业务场景、设备管理业务场景下均具备应用与服务管理能力。且可管理智能服务数量≥100 个，能够采集使用信息的日志种类：应用访问日志、服务访问日志、门户登录日志和操作日志	……
满足情况	满足	……

5.1.2 软件专项能力项评估

××（××名称）软件专项能力项评估见下表。

标识号	软件专项能力项	能力来源	专项能力类别	业务场景	约束条件	评估数据来源	试验数据及结果	评估准则	满足情况
××名称-02-01	平均故障间隔时间(MTBF)≥100 h	《××研制要求》4.3.2 通用质量特性要求	通用质量特性-可靠性	信息共享业务场景、数据分析业务场景、设备管理业务场景	1）应用与服务平台已经完成部署，用户可以登录使用 2）可在业务场景中连续运行	软件使用真实数据、通用质量特性评估数据	在 70% 的单侧置信度下，被试品 MTBF 置信区间为[101.9 h，566.6 h]	平均故障间隔时间(MTBF)≥100 h 为满足	满足
……	……	……	……	……	……	……	……	……	……

注：1. 标识号建议采用"×× 名称＋评估层级＋能力编号"，是软件能力项的唯一索引号；可根据需要分级描述软件任务能力项。

2. 能力来源是对研制要求、系统规格说明等依据文件的追踪，说明来源文件的章节号和章节名称。

3. 专项能力类别与软件能力评估大纲保持一致。

4. 约束条件包括能力运行的前提条件、部署方式、依赖数据、软件状态等。

5. 评估数据来源说明评估测试阶段类型及数据来源，如软件测试仿真数据、软件试用真实数据等。

6. 评估数据来源按照数据使用原则要求给出，如需要使用多个数据来源的不同数据，可以分别列出。

7. 评估准则应尽量避免使用定性准则，包括对测试结果的偏差、相悖的处理。

8. 满足情况分为满足、有条件满足和不满足，具体要求见软件能力评估大纲中的要求。

5.2 评估方法

5.2.1 评估策略

1）采用自下而上的策略开展，先开展分系统/设备级软件能力评估，然后开展系统级软件能力评估；在开展系统级能力评估时，优先开展××相关软件能力项评估，然后开展××系统级能力项评估。

2）本次软件能力评估在系统验收前开展，采用测试/试用/使用以及通用质量特性的结果、数据综合开展软件能力评估工作；围绕典型使用场景进行综合评估，评估其是否具备完成典型使用场景的能力。

3）软件能力评估使用的数据来自测试/试用/使用测试的结果，评估优先使用目标环境中的数据，而后使用实验室数据，优先使用系统级测试/试用/使用数据，而后使用分系统、设备数据，优先使用动态测试/试用/使用数据，而后使用静态数据，优先使用故障数据，而后使用正常数据。

4）当软件能力评估过程中，软件技术状态发生变更时，应进行影响域分析，评估变更对软件能力项及相关测试/试用/使用结论的影响。必要时，相关单位应提交相关补充测试/试用/使用结果，软件能力评估单位根据提交的补充数据进行补充或重新评估。

5）当软件能力评估活动中，针对同一能力项的相关测试结果/结论出现较大偏离或相悖时，应暂停评估活动，直至达成一致的处理措施。

5.2.2 评估数据

本次软件能力评估采用软件测试/试用/使用、通用质量特性评估测试取得的数据，具体见下表。

序号	数据名称	来源	阶段名称	用途	备注
1	软件测试数据	《××软件测试报告》	软件测试	用于评估“功能性能指标”	—
2	软件试用数据	《××软件试用报告》	软件试用	用于评估“使用效能、使用适用性指标”能力	—
3	软件使用数据	《××软件使用报告》	软件使用	用于评估“使用效能、使用适用性指标”能力	—
4	通用质量特性数据	《××软件通用质量特性评估报告》	通用质量特性评估	用于评估“通用质量特性”能力	—

5.2.3 评估环境

本次软件能力评估在××开展，具体环境如下图所示，使用的相关工具见下表。

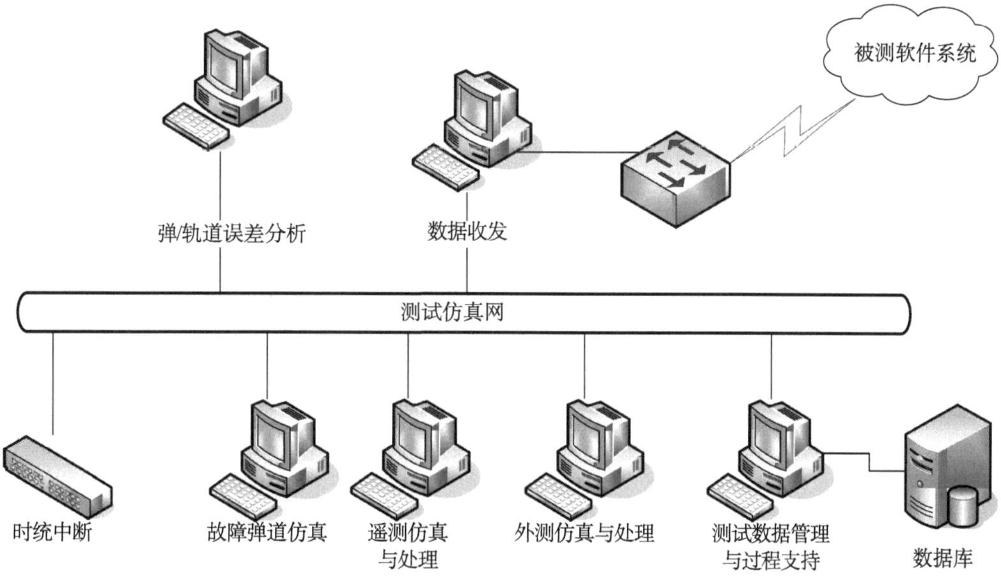

序号	名称	规格/版本	来源	用途	备注
1	WPS	V14.0	××	文档审查、编写软件能力评估文档	—
2	……	……	……	……	……

5.3 评估结果

根据软件业务能力评估情况和软件专项能力评估情况，软件能力评估结果汇总情况见下表。

序号	能力项类型	能力项数量	满足项数量	有条件满足项数量	不满足项数量	备注
1	软件任务能力项	22	21	1	0	有条件满足项的具体情况见第 5.1.1 节评估结论的说明
2	软件专项能力项	12	12	0	0	—

6 存在问题和建议

a）说明尚存在的问题，对问题的数量、状况、严重程度、影响范围、风险、处理结果等进行具体说明。

b）结合软件能力评估的具体情况，提出改进措施建议。

7 评估结论

软件能力评估结论通常包括：

a）建议通过，满足评价准则；

b）建议带遗留工作（问题）通过，遗留工作（问题）经评估对业务、性能及使用性等影响轻微，并得到相关方认可；

c）建议不通过，软件能力评估结果不符合通过准则，经评估对业务、性能及使用性等影响显著。

8 附件

如必要，评估软件清单以附件形式列出。

第 11 章　外协开发管理

11.1　概述

外协开发管理的核心在于有效管理外协产品的获取流程。若软件项目需要外协开发时，便会订立外协合同，并从全局研制视角出发进行管理，这包括对外协单位的甄选决策、对外协流程和产品的全程管理与跟踪，并确保验收测试流程的规范化。外协开发管理在与外协单位建立正式外协合同后，会希望定期地确认外协产品正在以满足性能指标和质量标准的前提下进行开发，就需要对外协单位的开发过程和工作产品进行跟踪和监督，以保证外协单位能够按照协议要求生产出所需要的产品。

外协开发管理若缺乏有效性，可能会导致最后所获取产品的功能、性能与期望相差甚远，或者造成项目进度不能满足计划要求等后果；若缺乏针对性，则会大幅增加管理成本。例如，研制总体未在合同执行过程中对外协单位进行切实有效的管理，产品移交时可能会暴露严重的设计缺陷，此时，如果修改设计，会对后续编码、测试都产生影响，拖延项目进度；如果不修改设计，产品使用过程中就存在风险。因此，应在合同执行过程中定期或事件驱动地（如按月、阶段，或是产品完成后）对外协开发过程和产品进行监督控制，尽早发现可能存在的问题。在项目前期发现问题比在项目后期发现问题要容易处理。发现问题越早，对项目造成的损害越小。

外协开发管理旨在获取项目所需的产品或部件。选定外协单位后，需订立正式合同，以规范管理研制总体单位和外协单位之间的关系。外协合同是指研制总体和外协单位之间的任何合法协议，可以是合同、技术协议和会议纪要等。外协单位依照合同进行产品交付。

外协开发管理过程主要分为选择外协单位、建立外协合同、制订外协开发管理计划、执行外协合同、监督所选择的外协开发过程、评价所选择的外协工作产品、验收外协产品和移交产品八个活动。

11.2　选择外协单位

如果项目需要从外协单位获取产品，首先明确各产品或部件的获取方式及评估准则，随后向候选外协单位发布招标材料，评价其满足指定需求和标准的能力，并依据综合评价结果选定合适的外协单位。

选择合适的外协单位：首先，应明确各产品或部件的获取方式；然后，向候选外协单位分发招标文件，招标文件中需要明确需外协研发的工作产品的需求和评估准则；最后，评价各外协单位完成该工作的能力，并根据评价结果选择适合的外协单位。

1）将需外协研发的产品及其获取方式写入外协开发产品一览表（表格模板见表 11－1）。

表 11－1　外协开发产品一览表

<table>
<tr><td colspan="2">项目名称</td><td colspan="3"></td><td>项目标识</td><td></td></tr>
<tr><td colspan="2">填表人</td><td colspan="3"></td><td>填表日期</td><td></td></tr>
<tr><td>序号</td><td>产品名称</td><td>数量</td><td>主要功能</td><td colspan="2">获取方式</td><td>评估准则</td></tr>
<tr><td></td><td></td><td></td><td></td><td colspan="2"></td><td></td></tr>
<tr><td></td><td></td><td></td><td></td><td colspan="2"></td><td></td></tr>
<tr><td></td><td></td><td></td><td></td><td colspan="2"></td><td></td></tr>
<tr><td>备注</td><td colspan="6">1)“主要功能”一栏在表中描述不全时，可添加附录文档进行详细说明。
2)获取方式可有两种：A，购买现货产品；B，定制开发。</td></tr>
</table>

2）识别潜在的外协单位，将其信息写入合格外协单位名录（表格模板见表 11－2）。

表 11－2　合格外协单位名录

<table>
<tr><td colspan="2">项目名称</td><td colspan="3"></td><td>项目标识</td><td></td></tr>
<tr><td colspan="2">填表人</td><td colspan="3"></td><td>填表日期</td><td></td></tr>
<tr><td>产品名称</td><td>序号</td><td>外协单位</td><td>优点</td><td>缺点</td><td colspan="2">风险</td></tr>
<tr><td rowspan="2"></td><td></td><td></td><td></td><td></td><td colspan="2"></td></tr>
<tr><td></td><td></td><td></td><td></td><td colspan="2"></td></tr>
<tr><td rowspan="2"></td><td></td><td></td><td></td><td></td><td colspan="2"></td></tr>
<tr><td></td><td></td><td></td><td></td><td colspan="2"></td></tr>
<tr><td colspan="2">备注</td><td colspan="5"></td></tr>
</table>

3）研制单位准备招标文件，并向候选外协单位分发招标文件。招标文件中要明确获取工作产品的需求和评估准则。

4）建立评价潜在外协单位的准则。评估时需考虑的因素如下：

a）开发方案是否令人满意；

b）开发周期是否可以接受；

c）性能价格比如何；

d）能否提供较好的服务（维护）；

e）是否具有开发相似产品的经验；

f）以前开发的产品在本软件研制机构是否有不良记录；

g）外协单位的开发能力与管理能力如何；

h）外协单位的资源（人力、财力、物资等）是否充足并且稳定；

i）外协单位的信誉如何，外界对其评价如何；

j）是否已取得业界认可的资质认证，如质量管理体系认证、软件研制能力成熟度模型评价等。

根据评价准则对合格外协单位进行评价，评价的方法可采用打分表的形式，具体内容可参考表 11－3。

表 11－3　外协单位评估打分表

项目名称		项目标识	
外协单位名称		产品名称	
项目负责人		填表日期	

检查项	评价准则 （0～10 分）	权重	得分
考察合格外协单位的投标文件			
开发方案是否令人满意？	考虑以下因素： 功能是否满足？（2 分） 性能是否满足？（2 分） 接口是否满足？（2 分） 方案设计是否考虑安全可靠性要求？（1 分） 方案设计是否考虑易用性要求？（1 分） 方案设计是否考虑维护性要求？（1 分） 方案设计是否考虑可移植性等其他要求？（1 分）	6	
开发周期是否可以接受？	以用户要求的产品交付时间为后限，满足为 10 分，每超过 1 周扣 1 分，扣至 0 分为止	5	
性能价格比如何？	计算该外协单位产品研发价格、培训价格、维护价格（包括必须的二次开发价格）之和，性能价格比＝开发方案打分/总价格，然后对各外协单位的性能价格比进行比较，最高者为 10 分，依次减 2 分	6	
能否提供较好的服务（维护）？	考虑以下因素： 维护费用是否在可接受范围内？（4 分） 发生较大问题时是否能在第一时间进行维护？（4 分） 态度是否友好？（2 分）	3	
考察合格外协单位的执行能力			
是否具有开发相似产品的经验？	如有，可根据开发相似产品的数量、产品质量打分。1 个相似产品加 1 分，加满 10 分为止	5	
以前开发的产品在本软件研制机构是否有不良记录？	满分 10 分，存在一个不良记录扣 1 分，扣至 0 分为止	3	
外协单位的开发能力与管理能力如何？	考虑以下因素： 开发人员平均具有 5 年以上产品开发经验？（5 分，少 1 年减 1 分） 开发人员具有良好的沟通意识和团队意识？（4 分） 有先进的管理思想和管理方法？（2 分）	5	
外协单位的资源（人力、财力、物资等）是否充足并且稳定？	考虑以下因素： 人力资源非常完备？（4 分） 财务状况十分稳定？（3 分） 各类物资保障充分？（3 分）	3	

续表

考察其他因素			
外协单位的信誉如何？外界对其评价如何？	满分 10 分，存在一条差评（例如各种理由的不按期交付、产品有安全缺陷却不及时维护、让编程经验尚浅的人负责安全关键等级较高的软件模块等）扣 2 分，扣至 0 分为止	1	
是否已取得业界认可的资质认证，如质量管理体系认证、软件研制能力成熟度模型评价等？	获得 1 个认证加 3 分，加满 10 分为止	3	
总分（满分 400 分）			

5）评价外协单位完成该工作的能力，并对可能存在的风险进行分析。将合格外协单位得分、总体评价结论（含风险）写入外协单位能力评估表（表格模板见表 11－4）中。

表 11－4　外协单位能力评估表

项目名称		项目标识	
填表人		填表日期	
产品名称			
外协单位名称	得分	总体评价	
备注			

6）根据评价结果选择适合的外协单位，并将外协单位信息及选择理由写入外协单位名录（表格模板见表 11－5）。

表 11－5　外协单位名录

项目名称			项目标识	
填表人			填表日期	
序号	产品名称	外协单位名称	选择理由	
备注				

选择外协单位完成的标志是已确定外协单位名录。所产生的记录涵盖外协开发产品一览表、合格外协单位名录、外协单位评估打分表、外协单位能力评估表、外协单位名录等。

11.3 建立外协合同

外协单位确定后，需与外协单位签订正式合同。该合同应包含工作说明、产品交付清单、进度安排及验收要求等内容。

建立外协合同的前提是已选定外协单位。所需要的输入包括软件研制任务要求及外协单位名录。

建立外协合同的主要活动是将外协开发要求转化为正式合同，并确保各相关单位在合同实施前对正式合同做出承诺，并定期对外协合同进行评审。签订外协合同后，如情况发生变化，可能需要对正式合同进行修改，修改后的正式合同应重新获得各相关单位的认可。

1）召开会议讨论外协合同，将外协开发要求形成正式合同。正式合同内容涵盖以下几个方面：

a）确定项目为外协单位提供的支持（如项目配备的设施、文件、服务等）以及外协单位需完成的任务；

b）拟定工作说明、规格说明、条款和条件、可交付项清单、进度表、预算和验收流程；

c）确定项目和外协单位中被授权负责更改外协合同的人员；

d）规定如何确定、沟通和处理需求更改和对外协合同的更改；

e）明确需遵循的标准和规程，如要求外协单位按照软件能力成熟度等级模型二级（或二级以上）对开发过程进行管理；

f）确定项目和外协单位之间的关键依赖关系；

g）确定项目监督外协单位的类型、深度、规程及用于监督外协单位绩效的评价标准（包括要监督的过程和要评价的工作产品）；

h）确定与外协单位共同进行的评审活动及评审形式（如评审、会签等）；

i）明确外协单位对交付产品的后续维护和服务等方面的责任；

j）确定所交付产品的保证、拥有权及使用权；

k）确定验收准则，如产品需通过第三方测评机构的配置项级别和系统级别软件测试。

2）确保各相关单位在合同协议实施前理解全部要求并对正式合同做出承诺。

3）定期评审外协合同，以确保其正确地反映项目与外协单位的关系、当前的风险和市场环境。例如，软件开发周期小于 6 个月的项目，可每月定期评审一次合同的履行情况。评审可以根据情况结合外协单位开发过程或产品评价时一同完成，在条件受限时可以采取其他方式沟通了解合同履行情况。

4）签订外协合同后，如情况发生变化，可能需要对正式合同进行修改。修改后的正式合同应重新获得各利益相关方的承诺。

5）必要时修订项目计划和承诺，以反映外协合同的要求。

建立外协合同完成的标志是正式合同已建立或变更后的外协合同已获得各相关单位的认可。

11.4 制订外协开发管理计划

在管理外部资源时，制订工作计划更加重要。制订外协开发管理计划是协调项目团队和外协单位团队的一种工作机制，以避免外协合同执行过程中出现工作混乱、方向错误等问题。签署正式合同后，即可制订外协开发管理计划。该计划需明确外协开发管理人员、资源分配，规划外协单位管理/技术评审、外协工作产品评价、外协单位开发过程监督以及产品验收、移交等活动，并制订利益相关方参与计划。

制订外协开发管理计划的前提条件是外协单位已选定，且外协合同已签订。所需要的输入材料包括软件开发计划、合同外协单位名录及正式合同等。

外协开发管理计划中应详细列出外协开发管理人员及其职责、所需资源、需评价的外协工作产品、外协单位需遵循的关键过程或活动，以及外协单位开发过程监督、外协工作产品评价、产品验收与移交等活动的具体时间安排和人员配置等。

1）确定外协开发管理人员及其职责。外协开发管理人员是项目组与外协单位沟通的关键纽带，可由一人或多人担任；可以是专职人员，也可以是兼职人员。外协开发管理人员应清晰地掌握项目的要求，具备较丰富的软件工程知识和经验。

2）确定外协开发管理所需要的资源。外协单位管理人员根据项目的应用领域和特点，确定外协开发管理所需要的资源，这些资源包括支持工具和合格外协单位名录等。

在执行外协开发管理活动时可使用以下工具：

a）外协单位名录表；

b）需求跟踪工具；

c）项目管理和进度安排工具。

3）确定要评价的外协工作产品。项目可定期地确认产品是否在满足性能指标和质量标准的前提下进行开发，因此，评价对象应聚焦于尽早检测出外协单位能力问题的工作产品，例如系统分析与设计说明、软件需求规格说明、软件概要设计说明、软件测试报告等。同时，应设定产品评价通过和不通过的准则，并明确不通过时应采取的纠正措施。外协工作产品评价和外协单位开发过程监督可在外协合同定期评审前进行。

4）确定需要外协单位遵循的关键过程或活动，然后，明确要监督的外协单位开发过程，并标识对项目成功至关重要的外协开发过程，例如需求管理过程、配置管理过程等。此外，还应明确需要外协单位提供的资源，外协开发过程需要满足的要求，以便外协单位能够准备与项目同步的监督计划。要监督的过程应涵盖工程类、项目管理类以及支持类过程。选择时，应考虑外协单位开发过程对项目的影响。在大型项目中，对于开发关键部件的重要转包合同，应监督其关键过程；而对于无须开发或较小、关键性低的部件，则可不必监督其过程。介于这两种极端情况之间，在选择要监督的过程时，应考虑全部风险。如果要监督的外协开发过程选择不恰当，可能出现两种极端现象，一是监督面太广而难以承担，二是监督面太窄导致监督无效。

5）确定外协开发管理的主要活动后，需根据这些活动制订外协开发管理利益相关方的参与计划，包括参与的人员、时间安排等。

外协开发管理计划中的主要活动包括：

a）执行外协合同，按照外协合同的规定制订评审计划；

b）监督所选外协单位的开发过程；

c）评价所选外协单位的工作产品；

d）外协单位产品验收与移交等。

6）根据以上策划结果，制订外协开发管理计划，外协开发管理计划模板如下：

外协开发管理计划

1 范围

1.1 标识

描述本文档所适用的系统和/或 CSCI 的完整标识，包括其标识号、标题、缩略名和版本号。

1）已批准的标识号；

2）标题；

3）本计划适用的系统和/或 CSCI。

1.2 系统概述

概述本文档所适用的系统和/或 CSCI 的用途和内容。

1.3 文档概述

概述本计划的目的和用途。

1.4 与其他计划的关系

写明本计划与其他计划的关系，例如与合同、项目软件开发计划、外协单位软件开发计划的协调性等。

2 引用文档

按文档号、标题、编写单位（或作者）和出版日期等，列出本文档引用的所有文件（例如合同、外协单位的软件开发计划等）。

3 术语和定义

给出所有在本文档中出现的专用术语和缩略语的确切定义。

4 资源

4.1 人员和职责

描述外协开发管理过程中各利益相关方（例如外协开发管理人员、外协单位代表等）的职责，见下表。

人员	单位	职责

4.2 软硬件资源

描述外协开发管理过程中所需的资源。

5 进展监督

描述外协单位进展（包括进度、工作量、费用、技术性能）的监督计划，包括被监督的活动、监督时机、监督方法和依据、必需的参与者，见下表。

序号	被监督的活动	监督时机	必需的参与者	监督方法和依据	通过准则
1	进度				
2	工作量				
3	技术性能				

6 过程监督

描述过程监督的活动安排，包括被监督的活动、监督时机、监督方法和依据、必需的参与者，见下表。

序号	被监督的活动	监督时机	必需的参与者	监督方法和依据	通过准则
1	配置管理过程				
2	需求管理过程				
3					

7 工作产品评价

描述工作产品评价的活动安排，包括被评价的工作产品、评价时机、评价方法和依据、必需的参与者，见下表。

序号	被评价的工作产品	评价方法和依据	必需的参与者	评价时机	通过准则
1	系统分析与设计说明				
2	软件需求规格说明				
3	软件概要设计说明				
4	软件测试报告				

8 其他

7）组织项目负责人、项目QA、项目CCB、软件工程组、软件测试组等利益相关方对外协开发管理计划进行评审。必要时，应邀请上一级研发总体单位参与评审。

制订外协开发管理计划完成的标志是外协开发管理计划通过评审，且评审问题已全部解决。

11.5　执行外协合同

按照已签署的外协合同，执行合同中规定的活动，如与外协单位一起进行管理/技术评审，并利用评审结果优化外协单位的绩效等。

执行外协合同的前提是外协合同已正式签订。所需要的输入包括合同、外协开发管理计划。正式合同签订有所延时，可根据双方协议提前启动相关工作。

执行外协合同的主要活动包括：

1）监督外协单位的进展和性能，这些进展和性能主要涵盖进度、工作量、成本以及技术性能等方面，确保符合外协合同规定。

2）与外协单位一起进行评审。

评审的形式包括正式评审和非正式评审，主要涵盖下列活动：

a）评审准备；

b）确保利益相关方的参与；

c）实施评审；

d）标识、文档化和跟踪所有措施项，直到结束；

e）准备评审报告，并分发给利益相关方。

按照评审内容，可分为技术评审和管理评审。技术评审通常涵盖：

a）向外协单位明确合同甲方和最终用户的需要和期望；

b）评审外协单位的技术活动，并验证外协单位对需求的解释和实现是否与项目的解释一致；

c）确保技术承诺得到满足，并且技术问题得到及时的沟通和解决；

d）获得关于外协单位产品的技术信息；

e）向外协单位提供适当的技术信息和支持。

管理评审通常涵盖：

a）评审关键依赖关系；

b）评审与外协单位有关的项目风险；

c）评审进度和预算。

3）评审发现的问题应督促外协单位及时解决，不断提高外协单位满足产品的能力。

4）识别、监督与外协单位有关的风险并在必要时采取纠正措施。

执行外协合同完成的标志是所有外协合同要求的内容都已完成，并且在执行过程中发现的问题已得到有效解决。

11.6　监督所选择的外协单位开发过程

按照外协开发管理计划，对所选择的外协单位开发过程进行监督，并分析监督结果。

监督的前提是外协合同已确立，外协开发管理计划已通过评审，且计划中规定的监督时机已到达。所需要的输入包括外协合同、外协开发管理计划等。

主要监督活动包括：

1）外协开发管理人员监督外协单位开发过程，确保其满足要求。例如：一般情况下，监督需求管理和配置管理过程，要参与外协单位的里程碑评审。

2）分析监督的结果，及时发现可能影响外协单位履行合同能力的问题。

3）外协开发管理人员将监督记录、监督结果的分析写入外协单位开发过程/产品评价报告（表格模板见表 11－6），并分发给利益相关方。

表 11－6　外协单位开发过程/产品评价报告

项目名称			项目标识	
外协单位名称				
评价人员			填表日期	
序号	外协单位开发过程/工作产品	开发过程/产品评价	问题	
1				
2				
3				
结果分析				
纠正措施				
会签				

监督所选择的外协单位开发过程完成的标志是，对所有需监督的外协单位开发过程都实施了有效监督，并确保相关问题得到妥善解决。在外协单位实施过程和项目实施过程需紧密协调的情况下，监督这些过程将有助于预防接口不一致的问题，例如，接口协议在外协单位实施过程中发生需求变更，导致与最初制订的外协开发管理计划中的接口协议内容不一致，此时，若对外协单位的需求管理过程实施监督，则能有效预防协议不一致带来的问题。

11.7　评价所选择的外协工作产品

按照外协开发管理计划，对所选择的外协工作产品、产品部件等进行评价，以尽早地发现可能影响外协单位满足协议的潜在问题。

评价所选择的外协工作产品的前提是，外协合同已确立，外协开发管理计划已通过评审，且计划中规定的评价时机已到达。所需要的输入包括外协工作产品评价准则、外协工作产品、产品部件、外协开发管理计划等。

主要评价活动由外协开发管理人员执行，包括：

1）外协开发管理人员评价所选择的外协工作产品，例如系统分析与设计说明、软件需求规格说明、软件概要设计说明、软件测试报告等。对工作产品进行评价的目的是确保下列各项满足要求：

a）导出需求可追溯至更高层需求；

b）体系结构可行，并能满足未来产品发展和重用的要求；

c）用于运行和支持该产品的文档是足够的；

d）工作产品间相互一致；

e）产品和产品部件（例如，定制、现货和顾客提供的产品）能够集成。

2）外协工作产品评价人员将工作产品的评价结果、评价发现的问题以及解决措施等评价内容写入外协单位开发过程/产品评价报告（表格模板见表 11－6），并分发给利益相关方。

3）对评价中发现的问题应填写问题跟踪表，并明确其解决的措施，跟踪问题直至问题得到解决。

评价所选择的外协工作产品完成的标志是，外协单位开发过程/产品评价报告已得到利益相关方会签。

11.8　验收外协产品

在按照外协合同中的规定接收该产品前，应完成验收评审、测试和配置审核，以确保接收的产品满足外协合同的要求。

验收的前提是，完成外协单位开发过程/产品评价，且评价报告中的所有纠正措施都得到有效落实，所需要的输入包括外协单位开发过程/产品评价报告、外协产品。

主要验收活动包括：

1）依据外协合同制订软件验收计划，并对软件验收计划进行评审。

验收计划一般应包括验收目的、验收内容、技术条件、验收方法、进度安排、人员组成、验收准则等内容。若进行验收测试，应拟制验收测试大纲和测试说明；若进行验收审查，应制订相应的检查单。在验收测试或审查之前，应对软件验收测试大纲、测试说明和验收检查单进行评审，并获得各利益相关方的认可。

2）按照软件验收测试大纲、测试说明和检查单进行验收测试和验收审查，确认所获取的产品能否满足其需求。

验收测试应考虑以下各方面：

a）逐项测试外协合同要求的所有功能特性；

b）逐项测试外协合同要求的所有性能，如精度、时间、适应性、安全性、余量等；

c）逐项测试外协合同要求的所有接口。

验收审查包括：检查文档的完整性、程序和文档的一致性、文档和文档的一致性等情况。

3）确认所获取的工作产品是否满足其非技术性的承诺，包括确认适当的许可证、担保书、所有权、使用权和支持或维护协议均已到位，并且已收到所有支持材料。

4）在完成验收测试和验收审查的基础上，召开软件验收评审会，进行综合评价，将结果写入软件验收报告。

5）对任何未通过验收评审或测试的工作产品，在与外协单位协商的基础上制定纠正措施，并跟踪各项纠正措施，直到所有问题得到解决。

接收所获取的产品完成的标志是，完成软件验收报告，并且验收过程中发现的所有问题已得到解决。

11.9　移交产品

将所获取的产品移交给项目进行集成之前，应进行适当的策划和评价，以确保顺利移交。

移交产品的前提是，软件验收报告已完成，所有问题的纠正措施已得到落实，并验证通过。所需要的输入是要移交的产品。移交产品的主要活动是根据产品移交计划进行产品移交，并按照协议规定存储、分发和使用所获取的产品。

1）进行产品移交。在产品移交前，首先应制订产品移交计划（表格模板见表 11－7）。确保有适当的设施来接收、存储、使用和维护所获取的产品，确保参与接收、存储、使用和维护所获取产品的人员已受到适当的培训。

表 11－7　产品移交计划

<table>
<tr><td colspan="2">项目名称</td><td colspan="3"></td><td>项目标识</td><td></td></tr>
<tr><td colspan="2">填表人</td><td colspan="3"></td><td>填表日期</td><td></td></tr>
<tr><td>序号</td><td colspan="2">产品名称</td><td colspan="4">接收、存储、使用和维护所需的设施</td></tr>
<tr><td>1</td><td colspan="2"></td><td colspan="4"></td></tr>
<tr><td>2</td><td colspan="2"></td><td colspan="4"></td></tr>
<tr><td colspan="7">产品移交培训</td></tr>
<tr><td>培训人员</td><td colspan="6"></td></tr>
<tr><td>序号</td><td colspan="3">培训内容</td><td colspan="3">日期</td></tr>
<tr><td>1</td><td colspan="3"></td><td colspan="3"></td></tr>
<tr><td>2</td><td colspan="3"></td><td colspan="3"></td></tr>
<tr><td>备注</td><td colspan="6"></td></tr>
</table>

产品移交结束时，移交方和接收方对产品移交清单中的内容（表格模板见 7.3.3 节）进行确认。

2）存储、分发和使用所获取的产品。确保在存储、分发和使用所获取产品时，均遵循外协合同所规定的条款和条件。存储、分发和使用所获取的产品应按照配置管理要求执行。

移交产品完成的标志是，产品移交清单签署完毕。

11.10　小结

外协开发管理主要旨在管理外协单位产品的获取流程。通常，在产品策划及开发的初期阶段，即需明确项目所需获取的产品。然后，基于各合格外协单位的综合能力评估，选定合适的外协单位，并与其签订外协合同，明确外协单位需达成的需求、进度安排、需求更改、协议调整等相关要求，同时依据外协合同执行所规定的活动。合同签订后，需确定外协单位需遵循的关键流程（或活动）及重要的外协工作产品，并对开发过程进行监督，对产品进行质量评估，一旦发现不满足外协合同要求的情况，需制定纠正措施。在接收外协工作产品前，必须完成验收审查与测试工作，确保产品已符合外协合同规定。最后，进行产品的接收与移交。

在外协开发管理流程中，外协合同的签订和工作产品的验收构成了两大核心环节，前者界定了外协单位提供工作产品的具体时间与规格，后者则确保了接收的产品符合外协合同的标准。此外，外协单位开发过程的监督和外协工作产品的评价也是外协开发管理的关键环节，需在项目运行中予以充分重视。

参 考 文 献

［1］ 肖刚，张元鸣，陆佳炜．软件文档［M］．北京：清华大学出版社，2012.

［2］ Andy Yue，张玉祥，翟磊．软件开发技能实训教程技术文档篇：跟 Microsoft 工程师学技术文档编写［M］．北京：科学出版社，2010.

［3］ 刘文红，等．CMMI 项目管理实践［M］．北京：清华大学出版社，2013.

［4］ 刘文红，等．基于 CMMI 的软件工程实施：高级指南［M］．北京：清华大学出版社，2015.

［5］ 刘文红，等．软件测试实用方法与技术［M］．北京：清华大学出版社，2017.

［6］ 刘文红，等．软件开发与测试文档编写指南［M］．北京：清华大学出版社，2020.

［7］ 中华人民共和国国家质量监督检验检疫总局，中国国家标准化管理委员会．计算机软件文档编制规范：GB/T 8567—2006［S］．北京：中国标准出版社，2006.

［8］ 全国信息技术标准化技术委员会．信息技术 软件工程术语：GB/T 11457—2006［S］．北京：中国标准出版社，2006.

［9］ 中国人民解放军总装备部．军用软件开发文档通用要求：GJB 438C—2022［S］．北京：国家军用标准出版发行部，2022.

［10］ 中国人民解放军总装备部．军用软件开发通用要求：GJB 2786A—2009［S］．北京：总装备部军标出版发行部，2009.

［11］ 中国人民解放军总装备部．军用软件能力成熟度模型：GJB 5000B—2021［S］．北京：国家军用标准出版发行部，2021.

［12］ 中国人民解放军总装备部．军用软件质量度量：GJB 5236—2004［S］．北京：总装备部军标出版发行部，2004.